YE YONGLIE KEPU DIANCANG

叶永烈科普典藏

尹传红 主编

原子的

世界

叶永烈◎著

长江出版传媒 | 湖北教育出版社

图书在版编目（CIP）数据

原子的世界 / 叶永烈著 ; 尹传红主编. -- 武汉 : 湖北教育出版社, 2023.4
（叶永烈科普典藏）
ISBN 978-7-5564-4789-3

Ⅰ. ①原… Ⅱ. ①叶… ②尹… Ⅲ. ①原子－青少年读物②农药施用－青少年读物③病虫害防治－青少年读物 Ⅳ. ①O562-49②S48-49③S43-49

中国国家版本馆CIP数据核字(2023)第018688号

原子的世界 YUANZI DE SHIJIE

出品人	方　平		
责任编辑	孙亦君　张洁琼	责任校对	李庆华
封面设计	牛　红	责任督印	刘牧原

出版发行	长江出版传媒	430070　武汉市雄楚大道 268 号
	湖北教育出版社	430070　武汉市雄楚大道 268 号

经　　销　新 华 书 店
网　　址　http://www.hbedup.com
印　　刷　武汉中远印务有限公司
地　　址　武汉市黄陂区横店街货场路粮库院内
开　　本　710mm×1000mm　1/16
印　　张　9
字　　数　120 千字
版　　次　2023 年 4 月第 1 版
印　　次　2023 年 4 月第 1 次印刷
书　　号　ISBN 978-7-5564-4789-3
定　　价　28.00 元

总　序

在中国的科普、科幻界，叶永烈先生（1940—2020）曾经是一个风格独特、广受瞩目的“主力队员”；在当今的纪实文学领域，他又是一位成就卓著、声名显赫的重量级作家。他才华横溢、兴趣广泛、勤奋高产，一生创作出版了300余部作品，累计3500多万字。

在科普创作方面，叶永烈有着特别引人瞩目的一个身份和成就：他是新中国几代青少年的科学启蒙读物、中国原创科普图书的著名品牌《十万个为什么》第一版最年轻且写得最多的作者，还是从第一版写到第六版《十万个为什么》的唯一作者。

我们这一两代人几乎都存有一段温馨的记忆：在20世纪70年代末80年代初，改革开放伊始，当“科学的春天”到来之时，“叶永烈”这个名字伴随着他创作的诸多题材不同、脍炙人口的科普文章频频出现在全国报刊上，一本接一本的科普图书纷纷亮相于新华书店，而越来越为人们所熟知。他成了中国科普界继高士其之后的一颗耀眼的明星。差不多与此同时，叶永烈的科幻处女作《小灵通漫游未来》一面世即风行全国，成了超级畅销书，各种版本的总印数达到了

300万册之巨，创造了中国科幻小说的一个纪录。

叶永烈给我本人留下的最深切的记忆是1979年春，那年我11岁，第一次读到《小灵通漫游未来》，心潮澎湃，对未来充满期待。那一时期，每个月当中的某几天，在父亲下班回到家时，我总要急切地问一句："《少年科学》来了没有?"盼着的就是能够尽早一睹杂志上连载的叶永烈科幻小说。

那时我还常常从许多报刊上读到叶永烈脍炙人口的科学小品，从中汲取了大量的科学营养。随后，我又爱上了自美国引进的阿西莫夫著作。品读他们撰写的优秀科普、科幻作品，我真切感受到了读书、求知的快慰，思考、钻研问题的乐趣，同时也爱上了科学，爱上了写作。那段心有所寄、热切期盼读到他们作品的美好时光，令我终生难忘。

作为科普大家的叶永烈，自11岁起在报纸上发表小诗，在大学时代就开始了科普创作，其科普创作生涯一直延续到中年，即从20世纪50年代末至80年代初。

几十年间，叶永烈创作的为数众多的科学小品、科学杂文、科学童话、科学相声、科学诗、科学寓言等，几乎涉足了科普创作所有的品种，并且成就斐然。他的作品，曾经入选各种版本语文教材的，就达30多篇。

值得一提的是，叶永烈首先提出并创立了科学杂文、科学童话、科学寓言三种科学文艺体裁，并在1979年出版了中国第一部较有系统的、讲述科学文艺创作理论的书——《论科学文艺》；在1980年出版了中国第一本科学杂文集《为科学而献身》；在1982年出版了中国

第一本科学童话集《蹦蹦跳先生》；在 1983 年出版了中国第一本科学寓言集《侦探与小偷》。他提出的这三种科学文艺体裁在科普界很快就有了响应，尤其是科学寓言，已经成为寓言创作中得到公认的新品种。

在科普创作方面，叶永烈受苏联著名科普作家伊林的影响很深。伊林有句名言："没有枯燥的科学，只有乏味的叙述。"叶永烈也打过一个形象的比方：科普作家的作用就是一个变电站，把从发电厂发出来的高压电，转化成千千万万家庭都能用上的 220 伏的低压电。他认为学习自然科学是对人的逻辑思维的严格训练，而文学讲究形象思维；文、理是相辅相成并且渐进融合的，现代人都应该对文、理有所了解。

叶永烈与伊林一样，都惯于用形象化的故事来阐明艰涩的理论，能够简单明白地讲述复杂现象和深奥事物。在他们的笔下，文学与科学相融，是那般美妙。阅读他们的作品，犹如春风拂面，倍觉清爽；又好像有汩汩甘露，于不知不觉中流入了心田。他们打破了文艺书和通俗科学中间的明显界限，因此他们写成的东西，都是有文学价值的通俗科学书。

叶永烈曾经这样评述自己的创作人生："我不属于那种因一部作品一炮而红的作家，这样的作家如同一堆干草，火势很猛，四座皆惊，但是很快就熄灭了。我属于'煤球炉'式的作家，点火之后火力慢慢上来，持续很长很长的时间。我从 11 岁点起文学之火，一直持续燃烧到 60 年后的今天。"

叶永烈把作品看成凝固了的时间、凝固了的生命。他说他的一生

“将凝固在那密密麻麻的方块汉字长蛇阵之中”，又道：“生命不止，创作不已。”2015 年 10 月，正当叶永烈全身心投入 1400 多万字的《叶永烈科普全集》的校对工作时，他偷闲饱含深情地写下了一段感言，通过电子邮件发送给我。在我看来，这恰是他对自己辉煌创作生涯的一个非常精彩的总结：

韶光易逝，青春不再。有人选择了在战火纷飞中冲锋陷阵，有人选择了在商海波涛中叱咤风云，有人选择了在官场台阶上拾级而上，有人选择了在银幕荧屏上绽放光芒。平平淡淡总是真，我选择了在书房默默耕耘。我近乎孤独地终日坐在冷板凳上，把人生的思考，铸成一篇篇文章。没有豪言壮语，未曾惊世骇俗，真水无香，而文章千古长在。

今天，我们推出“叶永烈科普典藏”系列，一方面是表达对这位杰出的科普大家的追思、缅怀和致敬，一方面也意在为科普创作留存一些有益的借鉴；同时也期望借此为广大读者朋友，尤其是青少年学生的科学阅读，提供一份丰盛而有益的精神食粮。

是为序。

尹传红

（中国科普作家协会副理事长，《科普时报》原总编辑）

目录

CONTENTS

原子的世界

治虫的故事

原子的世界

1 “微粒”的秘密

三个有趣的故事

很多年前，瑞典的斯德哥尔摩城，发生了一件怪事：一连三天，城里臭气冲鼻。人们外出的时候，不得不一直用手绢掩着鼻子。

唉，是什么风把这该死的臭气刮来的？人们纷纷去问气象台。然而，气象学家回答说：“这三天内，根本没什么大风！”

这样，人们断定：这臭气，一定是“本城固有的气味”。

一点儿也不错，这臭气的的确确并不是从别的地方来的，而是来自“本城”：原来，三天前，在斯德哥尔摩的造纸厂里，一位化学工程师正在用重硫酸盐处理木头，打算提取纯净的纤维素。没一会儿，他就闻到一股臭味。这是什么东西发出的臭味呢？这位化学家对这个问题很感兴趣，他用一个小瓶，收集了这些发出刺鼻臭味的液体。可是后来，他太忙了，有许多更重要的问题需要进行研究，于是，他顺手从实验室桌上拿起那个小瓶，把它交给一个小孩，嘱咐他把瓶子掷到郊外的野地里去。然而，这个小孩在没人看见的时候，把这瓶子丢进一个离城不远的小湖里。这下子可闯祸啦！一连笼罩全城达三天之久的臭气，便是从这个小小的瓶子里跑出来的。

这种臭气冲天的液体，叫作“硫醇”，是用重硫酸盐处理木材时，生成的一种副产物。

和硫醇一样，许多有机化合物也具有强烈的气味：在一个大房间里，只需蒸发十分之一滴——千分之四克苯酚，就足以使你的鼻子闻得出来。至于樟脑油、柠檬香精、兰香精、紫罗兰香精的气味，比苯酚更浓烈。一个房间里只需有一千万分之一克的紫罗兰香精，便足以使整个房间香气氤氲，洋溢着紫罗兰的沁人馨香。

这是第一个故事。

再说第二个故事：19 世纪末，德国的一位有机化学家正在起劲地研究染料。那些鹅黄嫩绿、血红墨黑、五光十色、万紫千红的染料，深深地吸引了他。他几乎整天都埋头在实验室里研究染料。

一天，他在回家吃中饭时，忽然感到嘴里的马铃薯甜丝丝的。

“马铃薯里加了糖啦?”他问妻子。

“没有哇。”妻子十分惊诧地说，“我吃的马铃薯一点儿也不甜。”

“我的也是淡的，什么味道也没有。”他的儿子同样这么说。

“为什么我吃的马铃薯却挺甜，简直像吃甜点心一样?”这位化学家一边说着，一边把自己的马铃薯递给儿子，又把他儿子的马铃薯拿来给自己尝尝。

十分有趣的是，他和他儿子几乎同时异口同声地说："甜的！"

这是怎么回事呢？后来，当他自己的舌头碰到了手指，这才弄明白：原来，他的手指是甜的！怪不得凡是他的手拿过的马铃薯都是甜的。

"一定是在今天的实验里，我的手沾上了什么甜的药品。"这位化学家得出了这样的结论。他连饭都顾不得吃完，兴高采烈地回到实验室里把所有的药品都拿了一点点来尝一下（当然这样做是很危险的，一定不要效仿），结果发现有一种白色的粉末，具有强烈的甜味。

这位有机化学家放下了正研究得起劲的染料，专心致志地对这白色的粉末进行研究。这样，他终于发现了"糖精"——邻苯甲酰磺酰亚胺。

糖精具有强烈的甜味：如果你在一碗水里倒进一匙白糖，再在 800 碗水里倒进一匙糖精，然后你再去尝一尝味道，哟，甜味竟然一样！

第三个故事是什么呢？它，也发生在19世纪末，只是地点不同——发生在英国皇家的金库里。

这金库，堆满了黄灿灿的金子。由于平时取用的都只是上层的黄金，底层的黄金已经有十几年原封未动了。

终于有一天，英国国王下令检查金库，那些看管金库的官吏们，忙着把金子小心翼翼地搬出来。搬到最后，怪事出现了：黄金是放在铁板上的，本来，黄金搬光了，照理底下应该露出来的是青灰色的铁板，然而，这时的铁板却不是青灰色的，而是像鱼鳞一样，闪耀着点点金光！

官吏们以为一定是搬动时不小心，掉下了黄金的粉末。于是，他们就拿工具来，打算把这些金粉都扫起来。然而，无论怎么扫，金粉却仍像生了根似的，怎么也扫不起来！原来，金粉早已牢牢地嵌在铁板上了。

后来，科学家们还特地做了这样一个实验：把一块磨光了的铅板紧紧地贴在一块磨光了的金板上，过了几个月，这两块板竟然依偎在一起了，费了好大的力气也掰不开！人们只得把这两块板拦腰截断，结果发现在金板一毫米深的地方，有铅的微粒，而在铅板一毫米深的地方，有金的微粒。

这三个有趣的故事，一个发生在瑞典，一个发生在德国，一个发生在英国，看来好像是“风马牛不相及”的三件事。

“为什么要在这本书的一开头，就讲了这么三个故事呢?”你看到这里，一定会这样问。

其实，这三个有趣的故事，说明了三件事：一是说明了一丁点儿的液体蒸发以后，可以扩散到整个房间，甚至全城；二是说明了一丁点儿的固体溶解以后，可以散布在一大桶的液体中；三是说明了固体和固体之间，可以相互扩散。

总之，一句话：物质可以相互扩散，一丁点儿的东西可以均匀地布满某个巨大的空间。

为什么会这样呢？请你继续看下去！

哲学家在剁肉

“砰嚓，砰嚓，砰嚓……”厨房里不断发出刀子剁肉的声音。

这是 2000 多年前，古希腊著名的哲学家——德谟克利特在剁肉。

其实呢，肉早已被剁得像烂泥一样，够细的了。可是，德谟克利特还在一个劲儿地剁着。他一边剁，一边出神地看着那被剁细了的肉思考：“我一直不停地剁下去，再剁下去，一直把肉剁得非常非常细，这时将会变成怎么样呢？究竟能不能不停地剁下去，把肉的细粒切成两半，再把这更小的细粒又切成两半……”

一句话：物质能不能被分割成非常细小的“微粒”？当然，这句话反过来也就是说：物质是不是都由非常细小的“微粒”构成的?

德谟克利特是个非常喜欢思考问题的人，也是一个非常善于思考的人。

“一日三餐”，吃饭，要算最平常不过的事情。然而，即使是在吃饭，德谟克利特也在思索。当他呷下一口菜汤的时候，便想：“盐，是白闪闪、一粒粒的。在菜汤里加进一点点盐以后，为什么整个汤都变咸了呢？为什么我舀起的每一匙汤都是咸的，而且都是一样咸的呢？”

当他漫步在花丛之中，花香又引起他凝思：“我为什么会闻到花香？”

当他独立在小湖之畔，游鱼又引起他沉思：“鱼为什么能够在水里游来游去？也许，水并不是非常紧密的物质，要不鱼怎么能忽而东、忽而西、忽而上、忽而下地游得那么自在呢？”

想啊，想啊，他不停地反复地思索。

德谟克利特终于想通了，他断定：世界上的一切东西，都是由非常细小、肉眼看不见的“微粒”构成的。

这样，德谟克利特用他的观点，解释了许许多多当时没法解释的问题。

在菜汤里加了一匙盐，为什么整个汤都变咸了呢？德谟克利特说，食盐，就像一座由许多“砖头”——细小的“微粒”——砌成的“房子”。放到菜汤里，整座房子都被拆散了，“砖头”均匀地散布到菜汤的各个角落。这样，菜汤的每一部分都有构成食盐的“砖头”，食盐是咸的，当然，整个菜汤也就全都变咸了。

我们为什么能够闻到花香呢？德谟克利特说，这是因为花中含有香味的物质扩散到空气中，空气中到处都是这种具有香味的“微粒”，自然，我们也就能够闻到香味了。

鱼为什么能够在水里自由自在地游动呢？德谟克利特说，这是因为水也是由无数的“微粒”构成的。当鱼向前游动时，就把水的“微粒”向两边拨开，这就好像我们用手拨开沙粒一样。

德谟克利特还解释了其他许多问题，他把那非常细小、肉眼看不见的“微粒”，叫作“原子”①。

德谟克利特用了一句现在非常出名的话，来概括自己的学说：“我们日常说着甘和苦、冷和热、色和香，而实际上存在着的只有原子和空间。”换句话说，所有的物质，实际上只不过是在一定的空间存在着的一定的原子的集合体罢了。

有趣的是，差不多和德谟克利特同时，在我国，春秋时代的著名哲学家墨子——墨翟也产生了同样的观点。《墨子》这本书里，有这样几句话：“非半弗斫，则不动，说在端。”这句话的意思，便是指物质是可以分割的，而“端”，便是指德谟克利特所谓的“微粒”——原子。

被埋在废纸堆里

本来，德谟克利特和墨子的学说，正确地解释了自然现象，应该得到广泛的传播，被大家接受。但是，不论在欧洲，还是在中国，他们的学说都被统治阶级贴上了大封条！

在欧洲，由于德谟克利特关于原子的猜测，正确而圆满地解释了过去人们以为是由超自然力量的帮助而发生的现象，使人们认识了自然，明白了自然现象并不是异常神秘以至不可知的。但是，这引起了天主教会的嫉妒和恼怒。天主教会宣布：德谟克利特的原子学说是邪说！

① 按照现代的观点，应为“分子”。

天主教会在欧洲的势力是非常大的。1626 年 9 月 4 日，法国国会甚至宣布：传授原子学说者，一律处以死刑！

这样，德谟克利特的学说，被天主教会用刀和剑，埋在废纸堆里。

而统治了欧洲的学术界 1000 多年的是亚里士多德的错误学说。

亚里士多德也是古希腊的大哲学家，和德谟克利特恰恰相反，他认为：宇宙万物都是由一种原质构成的，而这种原质是不生不灭、永恒长存的。这种原质非常奇妙，它有四种能够被我们的感觉器官所感受的性质，而且这四种性质又是两两相对立的——热和冷、湿和干。宇宙的万物，便是由这四种基本性质以不同的比例结合的结果。例如，热和干结合可以生成火；热和湿结合生成风；冷和湿结合生成水；冷和干结合生成土。风、火、水、土，就是所谓的“安培格尔四元素”。这四种元素以各种比例混合起来，那就可以得到宇宙万物。

一句话，亚里士多德认为宇宙万物都是由同一种原质构成的，一切物质都能相互转变。亚里士多德坚决反对世界上有什么原子，他认为，不管什么物质，都可以无限制地一直分割下去，没有止境。

亚里士多德的学说，被天主教会捧为“神圣的学说”——因为这个学说正合天主教的“胃口”，它使人们本来就解释不了的自然现象，更披上了一层神秘的、不可测的外衣。

亚里士多德的学说后面，矗立着天主教会的绞刑架！在漫长的 1000 多年之中，亚里士多德的学说就是依靠这绞刑架维持自己在学术界的“宝座”：谁敢冒犯它，谁就有生命危险！

在中国，墨子也遭到了同样的歧视。统治中国学术界达 2000 年之久的是一元论、二元论和多元论。

早在公元前 900 年以前，我国西周时代的著名哲学著作——《易经》中说：“易有太极，是生两仪；两仪生四象，四象生八卦。”这句话是说，世界万物的来源都只有一个——“易”，从“易”生出“太极”，而“两仪”，而“四象”，而“八卦”，以至万物。这种把万物都看成是由一个东西生出来的观点，叫作“一元论”。

我国古代思想家老子的名著《道德经》里写道：“道生一，一生二，二生三，三生万物。”这句话就更加清楚地提出了一元论的观点，认为万物都是由“道”生出来的。

到了公元前3世纪，春秋战国时代，更产生了阴阳五行学说。阴阳学说认为所有的物质，都是由“阴”和“阳”这两种东西组成的，这种学说叫作“二元论”；五行学说认为所有的物质，都是由金、木、水、火、土五种东西组成的，这种学说叫作“多元论”。

不管是《易经》《道德经》还是阴阳五行学说，它们都一致反对墨子的观点：万物是由“端”——原子——构成的。

唯心主义的乌云，笼罩着欧洲和中国。

科学上的革命

从16世纪初开始，欧洲城市的工业逐渐活跃起来，工厂一个又一个地出现。在生产中，人们发现了更多奇怪的自然现象，也带来了许多迫在眉睫、亟待解决的问题。

人们想从亚里士多德的学说中寻求帮助，但是，这本身就是错误的学说怎能帮助人们去解决生产实践中的问题呢？这正是“泥菩萨过河——自身难保”，还怎能谈得上助别人一臂之力呢？

1647年，法国科学家伽桑狄打破了欧洲沉闷的学术气氛，出版了一本关于原子学说的书。在书中，伽桑狄激烈地反对亚里士多德学说，并且认为世界上所有的物质，都是由不可再分的微粒——原子构成的。

伽桑狄认为，世界虽然是包罗万象、形形色色的，但是构成这盈千累万种物质的原子，却只有几十种。这正如世界上的房子虽然有成千上万式样，但是所用的建筑材料，像砖头、木板等却只有几种。

1661年，著名的英国科学家波义耳，也对亚里士多德的学说进行了批判。

然而，他们的著作，并没有引起人们的注意；他们的呼声，被淹没在天主教徒们对亚里士多德学说的歌颂声中；他们向亚里士多德学说发起的攻击，还只不过是大战前的稀稀落落的枪声罢了。

一场科学上的大革命，在孕育，在躁动；子弹已经塞进枪膛，一场向亚里士多德学说冲击的战斗，就要爆发了。

第一个向亚里士多德学说发起猛攻，击中亚里士多德学说要害，并且以清楚的概念、令人信服的事实说明原子学说的人，是俄国著名科学家罗蒙诺索夫。

在1742年到1743年之间，罗蒙诺索夫写了一本论文集，阐明了自己对于物质内部结构的观点。

在这些论文里，罗蒙诺索夫首先从许多平平常常的自然现象里，提出了耐人寻味的“为什么”：为什么金属能溶解在酸里？溶解以后，金属跑到哪儿去了？为什么水会蒸发？水蒸发以后跑到哪儿去了？是消失了吗？……

罗蒙诺索夫正确地回答了这些“为什么”：这是因为物质是由极小的微粒构成的，当它们溶解或者蒸发的时候，物质分解成极小的微粒。这些微粒是那样小，以至我们用肉眼都分辨不出来。

接着，罗蒙诺索夫做了一个有趣的计算，他写道：“1立方来因（巴黎尺）的金子约重3喱，1喱的金子可以压成面积为36平方英寸的极薄的金片……3喱或1立方来因的金子如果压成这样的金片，面积就有108平方英寸或15552平方来因……这张金片的厚度等于1/15552来因。如果金片中的金粒子一个个紧挨着，那每一颗金粒子的边长就等于1/15552来因；由此可见，1 立方来因的金子中含有 3761479876608 颗粒子。”①

由此，罗蒙诺索夫得出了结论：“物体是由……惊人微小而且可以用物理方法分开的粒子构成的。”但是，这“惊人微小”，并不等于小到没有体积，没有重量——它固然小，却仍具有一定的体积和一定的重量。

罗蒙诺索夫的重大贡献，还在于他区别了分子和原子、单质和元素的不同概念。

罗蒙诺索夫认为：物质由极小的“微粒”——分子构成，而分子是由更小的“微粒”——原子构成。

罗蒙诺索夫发现了这样一件事情：红色的粉末——“辰砂”（又叫“朱砂”），它的化学成分是硫化汞。也就是说，辰砂的分子，是由硫原子和汞原子构成的。可是，汞（水银）是银闪闪的液体，滴溜溜的汞珠像荷叶上的水珠那么漂亮；硫是黄色的晶体，能够燃烧，发出浅蓝色美丽的火焰；而硫化汞呢，它的脾气既和汞不同，也和硫不同——它是红色的粉末，既不会流动，也不会燃烧。汞能够溶解在硝酸和硫酸的混合液里，但硫化汞却既不溶于酸，也不溶于碱。

看来，“儿子”（硫化汞）的脾气，和它的“父母”（硫和汞）完全不一样。但是，如果把硫化汞加热，它就会分解：烧瓶里那红色的粉末，分解变成银闪闪的汞和黄色的硫黄。

为什么会出现这样的现象呢？罗蒙诺索夫第一次澄清了“元素”和“单质”的不同概念，他指出：每一种物质的分子，可以由“清一色”的同类原子构成，例如，一个氧气分子便是由两个氧原子构成的，一个氮气分子便是由两个氮原子构成的；另外，也可以由不同的原子“混合”而成，例如，一个水分子便是由一个氧原子和两个氢原子构成的，一个食盐分子便是由一个氯原子和一个钠原子构成的。

---

① 1 立方来因等于 11.4 立方毫米；3 喱等于 0.195 克。

单质　　化合物

罗蒙诺索夫把第一种物质叫作“单质”，把第二种物质叫作“化合物”。他又把同样的原子叫作“元素”。

打个粗浅的比方：你平时吃的东西，有馒头、窝窝头、米饭，也有金银卷、丝糕，但是，粮食的品种却只有大米、小麦和玉米这三种。馒头全是用小麦做的，窝窝头全是用玉米做的，米饭全是用大米做的，它们就是“单质”；金银卷是由小麦和玉米混合做成的，丝糕是由小麦和大米混合做成的，它们就是“化合物”；而不管是金银卷里的小麦也好，丝糕里的小麦也好，馒头里的小麦也好，它们都是小麦——“元素”。

硫化汞的性质之所以和硫与汞不同，便是因为硫化汞是硫元素和汞元素组成的化合物，它不同于硫黄和水银这两种单质。正如金银卷是小麦和玉米的“化合物”，自然，它的“性质”——颜色、味道，也就和馒头、窝窝头不同。

罗蒙诺索夫的学说，奠定了现代化学的基础。

到了19世纪初，著名的英国化学家道尔顿更进一步发展了分子原子学说，他把这一学说归结成这样几点：

1. 物质都是由用物理方法不能再分割的“微粒”——分子构成的。

2. 分子又是由更小的、用化学方法不能再分割的“微粒”——原子构成的。

3. 具有相同化学性质的原子，叫作化学元素。

4. 由同一种原子构成的物质，叫作单质；由两种或者两种以上不同原子构成的物质，叫作化合物。

正像你在洗衣服时，即使是肥皂再好，也难揉一次就能把衣服上的墨迹统统洗掉。只有不住地揉，这才能洗得一干二净。科学的发展道路也一样，旧的理论总不是一下子就垮台的。只有当新的、正确的理论一次又一次以强有力的事实抨击旧的理论，才能够把错误的理论从科学宝座上赶下来。

分子原子学说，经过了 1000 多年的斗争，在 19 世纪中叶，这才获得科学界普遍的承认。1860 年，各国化学家们在卡尔斯卢举行代表大会，这才第一次在世界性的学术会议上，对分子和原子的概念做了“明文规定”，承认了它们：在这次大会所通过的决议中，分子被正式定义为“参与化学反应和决定物质物理性质的最小的颗粒”。

但是，也还有少数顽固的化学家，仍然不顾事实，反对分子原子学说。著名的法国化学家杜马便曾说：“如果由我当家做主，我便从科学中删除‘原子’这两个字，因为我确信它是在我们的经验之外的；而在化学中，我们从来就不应远离经验。”而科学家奥斯特瓦尔德同样讥讽道：“原子只有在图书馆的灰尘里才会看得到!”

新生事物是不可阻挡的，正确的理论终究会战胜错误的理论。尽管还有少数化学家在 19 世纪仍然激烈攻击分子原子学说，但是，由于分子原子学说正确地反映了客观规律，它不断被充实、被丰富，逐渐发展成为现代化学的理论基础。

恩格斯给了分子原子学说很高的评价，他说：“化学的新世纪开始于原子学说。”

看不见的世界

分子和原子的世界，是看不见的世界。

这似乎是件异常矛盾的事情：从 2000 多年前的德谟克利特起人们便开始相信世界上的的确确存在着“微粒”——分子和原子，可是，直到今天，世界上竟然还没有一个人，真的用眼睛直接看到过分子和原子！

俗话说：“眼见为真。”难道连眼睛都没看到过的东西，也能“死心塌地”地去相信吗？

秘密就在于：虽然人们还没有亲眼看到过原子，但是，人们在科学仪器的帮助之下，不仅“侦察”到分子和原子的存在，还摸透了它们的脾气呢。特别是在现代，人们不光是“死心塌地”地相信世界是由分子构成的，分子又是由原子构成的，而且还精确地测量了一个分子或者原子到底有多重、有多大、跑多快哩！

你一定会问：分子和原子到底有多重？有多大？跑多快呢？

不，你更关心的问题是：到底是用什么秤称的？用什么尺量的？用什么秒表按的？

你的心理，我大概猜得差不离吧！

好，现在就先来回答第一个问题：分子和原子有多重？

在回答这个问题之前，我先来考你一下：现在，你的手头只有一杆你妈妈平时称菜、称米用的秤，你来动动脑筋看，能不能用这杆秤称出一粒米有多重？

“哟，一粒米那么轻，放在秤盘上，秤杆的尾巴连一翘也不翘哩！”你会这么说。

不，用这样“笨”的秤，居然也能称出一粒米大概有多重！

让我把窍门告诉你：你先用秤称一碗米，记下有多重。然后，坐下来慢慢地数一数这碗里有多少粒米。把所称得的重量用米的粒数除一下，这岂不就知道了一粒米有多重吗？

喏，称分子的办法，也和这差不多：先称一下一块纯净的单质或者化合物有多重，然后用这块单质或者化合物中的分子数目除一下，这样，自然就很容易计算出一个分子有多重了。

分子有大有小：像塑料、纤维素、蛋白质、橡胶等分子，是分子世界的“巨人”，我们中国人称它为“高分子化合物”，日本人称它为“大分子化合物”；像铁、铜、锌、铅等的分子，是分子世界的“小玩意儿”。

为什么呢？这是因为在高分子化合物中，一个分子是由成千上万个原子手拉着手构成的，而铁、铜、锌、铅等分子却只含有一个原子，这样，它们的重量之比，就好像一箩黄豆和一粒黄豆的重量之比，相差悬殊。

各种原子的重量，却相差不多，正像西瓜子、南瓜子、蓖麻子、冬瓜子相比，每一粒瓜子的重量相差并不大。

经过人们测定：最轻的原子是氢原子。1个氧原子大概是1个氢原子重量的16倍；1个碳原子大概是1个氢原子重量的12倍；1个氮原子大概是1个氢原子重量的14倍；1个铁原子大概是1个氢原子重量的56倍；1个银原子大概是1个氢原子重量的108倍；1个汞原子大概是1个氢原子重量的200倍。

人们爱用“轻若鸿毛”来形容轻，其实，分子和原子何止是鸿毛的千百亿分之一重呢！

再说第二个问题：分子和原子有多大？

在回答这个问题之前，我又要来考考你：现在，你手头只有一根妈妈用来量布的尺子，你能不能用这根尺子量出一粒芝麻有多长？

这一回，你大概不难这样回答：只要把芝麻排成笔直的一条“长蛇队”，量一下总长度，然后再数一下有多少粒芝麻，那么，把所得的长度用芝麻数一除，不就量出了一粒芝麻有多长了吗？

对！正是用这个办法。分子像一个个小圆球。人们在测量分子的半径时，也使用了类似的办法：测量了一块物质的体积，然后用这一体积中的分子总数一除，便得到了一个分子的体积，再从体积求得分子的半径（系指分子的接触半径）。

人们常爱用“芝麻那么小”来形容小。其实，芝麻和原子比起来，好像地球和芝麻相比哩！

空气中的流浪汉——灰尘，该是够小的了吧。它的直径大约只有0.03毫米。可是，就在这样的“小不点儿”里，竟有10^{13}左右个的原子！

假如你的眼睛戴上了什么“魔镜”，一瞧四周，什么东西都比原先放大了100万倍，那么，在你的眼里：一条小狗变得有300—400千米高；一支铅笔会有150—200千米长，有5千米粗；一枚大头针的头，变得像直径有1千米的大铁球；一粒小小的灰尘，变得像一块大石头。

你一定会关心地问——原子变得有多大呢？

它的大小只不过和这本书里的一个句点差不多！

分子既然小得这么“可怜”，那么，一滴水里的分子个数当然就非常惊人了：如果一个人每秒钟数一个分子，一秒钟也不停地数下去，整整数1000年，也只不过数清了普普通通的一滴水里全部分子的二十亿分之一。

现在该讲第三个问题啦：分子跑得有多快？

1827年，有一位并不十分出名的英国植物学家布朗，有一次他用显微镜观察水滴中的花粉时，看到一个奇怪的现象：花粉竟然瞎逛乱撞，在水里不停地从上到下、从东到西、从南到北做不规则的运动！

布朗观察了很久很久，这些花粉依然在不停地“舞蹈”着。

花粉的这种不规则运动，在物理学上被叫作“布朗运动”。

为什么花粉会做布朗运动呢？是它自己在乱跑，还是谁在不停地撞它？

科学家们经过仔细的研究，发现这原来是水的分子在“捣鬼”：在水滴里，水的分子不停地在横冲直撞，东奔西跑，没有一秒钟是“老实安分”的。不用说，处在水滴里的花粉，不住地受着水分子从四面八方对它的“攻击”。由于在同一刹那，花粉粒子在每一个方向所受到的水分子的撞击力并不一样，这样，它就在水里不停地被推来推去，到处“瞎逛”。

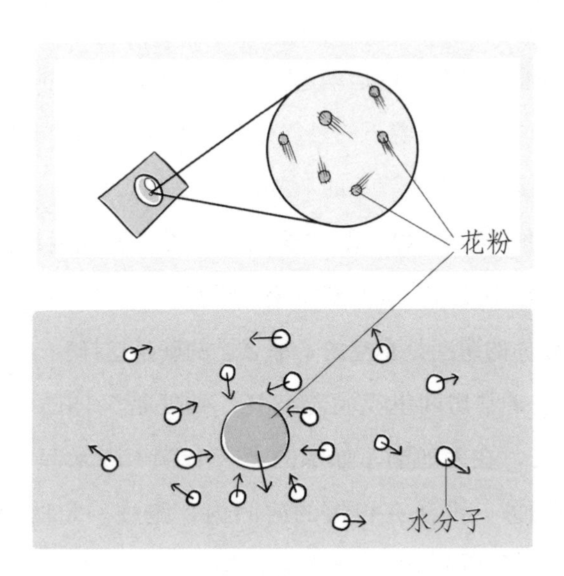

在一些矿物里，例如在那些透明的石英里，可以找到一些几千年前就被包含在里面的水滴。人们用显微镜观察这些水滴，发现水滴里的尘粒，也在不停地做“布朗运动”。

不论是气体、液体还是固体，它们的分子都无时无刻不在运动。这种运动，只要分子存在，它就永远不会停息。所不同的只是：气体的分子跑得最快，向四方飞散，无拘无束，像一匹脱缰的野马！液体的内部也是一团“乱糟糟”，分子不停地东奔西跑，只不过由于液体的分子相互挨得比较近，彼此间有一定的内聚力，运动得不及气体分子那样厉害。至于固体里的分子，虽然也在不停地运动，但是，由于分子之间更加紧密，分子只能在一定位置上做来回的振动，而不能像气体、液体的分子那样可以“自由行动”，正像襁褓里的婴孩们一样，只能躺在摇篮里挥手踢脚，却不能下地到处乱逛。

分子运动的速度，取决于温度：温度越高，运动速度越快。也正因为这样，当温度升高时，物质总是由固态，而液态，而气态。例如，温度升到 0℃以上，冰便融化成水；在 100℃以上，水又蒸发而成为水蒸气。

让我们来看看氢气分子的运动速度：汽车每小时跑 100 千米，喷气式飞机每小时跑 1000 千米，常温下的氢气分子每小时跑 7000 千米！它的运动等于喷气式飞机的 7 倍，等于汽车的 70 倍。

看到这里，你一定会这样想：“这么说如果妈妈在厨房里打开一瓶酒，那么我在房间里岂不立刻就会闻到酒味了吗?”

如果厨房和你的房间是真空的，那么，的确是这样!

然而，由于平常房间里充满着空气，到处是气体的分子，就像一位百米短跑运动员，在人如潮车如水的大街上跑 100 米起码得好几分钟一样，分子到处受撞，没法在很短的时间内，跑过一定的距离。据测定，每个分子每秒钟要和周围的分子平均碰撞 500 亿次！这样，当你在房间里闻到酒味时，这些跑到你的鼻子里“旅行”的酒的分子，实际上是经过了“千辛万苦”，不知走了多少弯路，推开多少“拦路虎”，通过“重重障碍”，这才来到你的鼻子里。唉，从厨房里的酒瓶跑到你的鼻子，这一段路虽然只有几米，但是，对于酒的气体的分子来说，简直是一段“艰苦的历程”。

至于分子的运动速度，那当然不是用秒表测出来的——分子连眼睛都没法看见，叫你这“裁判员”怎么按表呢？实际上，科学家们是通过测定分子运动的动能，然后，用分子质量的二分之一去除，再开平方，而求得分子运动的速度。①

分子和原子，是何等有趣和奇妙哇！正因为它们是客观存在的，所以人们就有可能去认识它们，也一定能够认识它们。

原子、分子和化学

既然物质都是由分子构成的，而分子是由原子构成的，自然，原子是比分子更为基本的微粒。

世界上有多少种原子呢？因为性质相同的原子都是属于同一化学元素，换句话说，也就是世界上有多少种化学元素②呢？

在 19 世纪初，人们已经知道了几十种化学元素：铁、铜、锌、金、银、砷、氢、氧、氮、氯和其他的一些元素。在 19 世纪的前 50 年，人们又发现了十几种新的化学元素。到了 1960 年，人们共发现了 102 种化学元素。1961 年 4 月，在美国加利福尼亚大学劳伦斯实验室，科学家制成了第 103 号化学元素——铹。于是，在化学元素的大家庭里，又添了一位新兄弟。

在这 103 种化学元素中，有 90 种是大自然中天然存在的，有 13 种是人造的元素。③

正如 26 个英文字母可以拼成上千上万个英语单词，这 103 种化学元素，相互化合，生成 300 万种以上的化合物。也就是说，这 103 种原子，相互结

① 因为动能 $E_k=\frac{1}{2}mv^2$（E_k 表示动能，m 表示质量，v 表示速度），所以 $v=\sqrt{\frac{2E_k}{m}}$。

② 这里的化学元素，包括稳定同位素和放射性同位素。

③ 编者注：截至 2022 年 4 月，人们已发现或合成化学元素 118 种，其中 26 种是人造元素。

合，形成了 300 多万种不同的分子。①

分析化学家们，化验了不知多少种物质，发现居住在这些物质分子里的原子，总不外乎这 103 种。例如，在水的分子中居住着氧原子和氢原子，在二氧化碳的分子中居住着碳原子和氧原子。

人们对人体组织进行了化学分析，测定的结果是人体里平均含有：65％的氧，18.2％的碳，10％的氢，2.7％的氮，1.4％的钙，0.8％的磷，0.3％的钾，0.3％的钠，0.25％的氯，0.2％的硫；此外，还有少量的镁、铁、锌、硅、溴、铜、氟、碘、铝、锰、砷、铅、硼、钛等。

人们还对“天外来客”——陨石和太阳的光谱进行研究，发现不光是地球，别的星球同样是由那样一些化学元素组成的：别的星球上有的元素，地球上都有；而地球上有的元素，别的星球倒未必有，因为地球上有着大自然的主人——人类，人们制成了许多人造化学元素，这些元素只是地球上的“土特产”！

在 18 世纪末，法国化学家普劳斯特的实验室，几乎每天都从世界各地收到一只只木箱子。箱子里装的是什么玩意儿呢？是水！

普劳斯特在收集水！他整天埋头在实验室里，分析来自世界各地的水，结果他发现：不论是太平洋的、大西洋的，寒带的、热带的，不论是河水、湖水、泉水，只要是纯净的水，它们都是由 11.1％的氢和 88.9％的氧组成的。这是重量百分比，如果换算成原子之比，那么，氧原子和氢原子的数目之比正好是 1∶2。

接着，普劳斯特又分析了来自秘鲁和西伯利亚的两种氯化银，结果发现它们的组成一样，都含有 75.3％的银和 24.7％的氯。如果换算成原子之比，氯原子和银原子的数目恰为 1∶1。

---

① 编者注：截至 2022 年 4 月，人们在自然界发现和人工合成的物质已超过 1 亿种，其中绝大多数是有机化合物，而且新的有机化合物仍在源源不断地被发现或合成出来。

普劳斯特还分析了其他许多东西，从大量的实验结果中，他得出了这样的结论：世界上的同一种化合物，都具有相同而固定的组成。换句话说，同一种化合物的分子，都是由同样几种原子以同样的比例化合而成的。这个定律，就是著名的“定比定律”。

自从发现了定比定律以后，化学家们开始大胆地使用简单的化学符号，来代表每一种化合物。例如，食盐的分子是由 1 个氯原子和 1 个钠原子构成的，人们便用 NaCl（Na——钠，Cl——氯）来表示；水的分子是由 1 个氧原子和 2 个氢原子构成的，人们便用 H_2O（H——氢，O——氧）来表示；硫酸的分子是由 2 个氢原子、1 个硫原子、4 个氧原子构成的，人们便用 H_2SO_4（S——硫）来表示等。

化学符号和化学式，是化学家“万国通用”的语言。在古代，炼金术士们也曾使用过各种古里古怪的符号，来代表各种物质。现在，你的化学书上写着的那些既简单又清楚的化学符号，是化学家们于 1860 年在卡尔斯卢的代表大会上所通过的。从那时起，世界各国才都统一采用同样的化学符号，各国的化学家才有了“共同语言”。

现在所通用的化学元素符号，都是采用元素的拉丁文开头字母。如果开头的第一个字母相同而发生重复，那么，就再在旁边写上另一个小字母加以区别。下面，就是最常见的化学元素的拉丁文名字和它们的化学符号：

氧	Oxygenium	O
氢	Hydrogenium	H
氮	Nitrogenium	N
碳	Carbonium	C
硫	Sulphur	S
砷	Arsenicum	As
铁	Ferrum	Fe

铜　　Cuprum　　Cu

铅　　Plumbum　　Pb

锡　　Stannum　　Sn

锑　　Stibium　　Sb

汞　　Hydrargyrum　　Hg

金　　Aurum　　Au

银　　Argentum　　Ag

有了化学元素的符号，人们可以用它写成化学式，代表各种化合物；有了化学式，人们又可以用它写成化学反应方程式，来表示各种化学反应。

例如，一个最普通的化学反应——煤燃烧，和氧气化合，变成二氧化碳。煤的主要化学成分就是碳。道尔顿曾经用这样的式子来表示这个化学反应：

¤+O+O═══O¤O

这里，¤代表碳原子，O代表氧原子。当然，自从规定了世界通用的化学符号以后，人们再也用不着画圈圈了，只要用这样的化学方程式，就可以很明白地表示这个化学反应：

$$C+O_2 \xlongequal{\text{点燃}} CO_2$$

这里C代表碳原子，O代表氧原子，O_2代表氧气分子，CO_2代表二氧化碳分子。

再如，铁和氧气化合，变成三氧化二铁：

$$4Fe+3O_2 = 2Fe_2O_3$$

这里 Fe 代表铁原子，Fe_2O_3 代表三氧化二铁分子。

像这样简单明了的化学反应方程式，写在纸上，一目了然。不论中国人也好，日本人也好，美国人也好，都能一看就懂，用不着“翻译”。

现代化学的全部理论，都建立在分子原子论的基础上。人们用分子原子论的观点，像用钥匙开锁似的，不知解决了多少重大的化学问题。分子原子论的胜利，是化学史上的一场革命。自从确立了分子原子论在化学上的指导地位以后，化学突飞猛进地向前发展。

2 分子的“建筑学”

崭新而生疏的领域

化学的领域，由两个部分组成：无机化学和有机化学。①

① 按照现代化学的定义，凡是含碳的化合物（除了二氧化碳、一氧化碳、碳酸、碳酸盐等少数几种含碳化合物以外），都属于有机物，例如蛋白质、糖、纤维素、酒精、醋等，研究有机物的化学，叫作有机化学；凡是不含碳的化合物，都属于无机物，例如水、食盐、硫酸、硝酸、硫黄等，研究无机物的化学，叫作无机化学。

在19世纪，人们对于无机化学的研究，已经十分深入。特别是在门捷列夫发表元素周期律以来，人们更是进一步地认识了无机物世界：人们用各种化学分析方法，测定了无机化合物的构成，用化学式来表示它，并且还能够用化学方法来制造它。

例如，那时人们已经知道了水的构成，用化学式“H_2O”来表示它，并且还能够用氢气在氧气中燃烧，来制造出“人造的”水；人们也知道红色的“三仙丹”——氧化汞的构成，用化学式“HgO”来表示它，并且还能用汞在空气中加热，来制得红色的“汞镑”——“人造的”氧化汞。

19世纪初，人们开始转入另一个崭新的领域——有机化学。人们开始在实验室里，研究酒、醋、葡萄糖这些有机化合物。特别是钢铁工业迅速发展以后，炼焦厂越造越多，越盖越大。人们把煤炼成焦炭，再用焦炭去炼铁。可是，在炼焦时，人们却有一件伤透脑筋的事儿：当煤被炼成焦炭时，产生了大量的煤焦油。煤焦油又黑又臭又黏，简直什么用场都派不上。

照理说，没用的东西，把它扔掉就完了——这可是件简单透了的事儿嘛。可是，煤焦油却是个没处可扔的“废物”：把它倒在河里吧，河里的鱼被毒死了，一条条肚皮朝天漂浮在水面。渔民来向炼焦厂提出“抗议”，不许把煤焦油倒到河里去！把它倒在田里吧，庄稼被杀死了，一棵棵变得枯萎焦黄，横躺在田里。农民们来向炼焦厂提出“抗议”，不许把煤焦油倒到田里去！

“哎呀，这可怎么办才好呢？”人们简直束手无策。煤焦油，成了炼焦工业和钢铁工业的沉重包袱，然而，到处都需要焦炭，到处都需要钢铁，炼焦工业和钢铁工业又必须迅速得到发展。

生产，推动着科学向前发展。炼焦厂向化学家们提出了一个迫切需要解决的问题：煤焦油里含有些什么东西？它能派什么用场？

煤焦油中，99%以上是有机物！然而，那时的化学家们所熟悉的只是无机物。

这可怎么办呢？办法只有一个：研究有机物，认识有机物，从而进一步去利用有机物，改造有机物。

对于煤焦油的研究，大大地促进了有机化学的诞生和发展。可是，正像你刚刚来到一个新的城市一样，什么都是陌生的，人们刚刚闯进有机化学的领域，什么都是“丈二和尚——摸不着头脑”。

第一个谈到有机物和有机化学的人，是当时欧洲化学界的权威、著名的瑞典化学家柏齐力乌斯①。

1827 年，柏齐力乌斯在自己的名著《化学教程》中，这样形容有机化学——这门在当时还只是科学襁褓中的婴儿的科学：“有机化学是这样独特的一门科学，以至化学家从研究无机化学转入研究有机化学的时候，落进了完全生疏的境地。”

“生命力论”

人们刚一踏进有机化学这个崭新而生疏的领域，首先就遇上了这样两个问题：有机化合物是不是和无机化合物一样，能够用人工的方法来制造？能不能用化学式来表示？

1827 年，柏齐力乌斯总结了自己研究有机化合物 15 年的经验，他说：“在有机物的领域中，元素服从着另外一种规律，那是和无机物领域不同的。”

接着，柏齐力乌斯给有机化学下了这样一个定义：有机化学就是“研究动植物的物质的化学，或者说就是在生命力影响下形成的物质的化学”。

人们能不能用人工的方法制造有机物呢？柏齐力乌斯斩钉截铁地回答：

---

① 柏齐力乌斯（1779—1848），19 世纪最权威的化学家，瑞典陶克赫尔姆大学教授。他准确地测定了多种元素的原子量，在化学上有很大的贡献。

“不能!”因为他在这15年间，不知做了多少次实验，连一种有机化合物也没有制造出来。这样，他灰心了，他认为人类是没法制造有机物的，因为“有机物是生命过程的产物，所以有机物只能在细胞中受了一种‘生命力’的力量的作用才能产生”。

至于这“生命力”是什么东西呢?它是神秘而不可测的。在动植物体中制造有机物时，便是在有机物中加入了特殊的“生命力”。这种“生命力”是生物所特有而且是一切科学所不能解释的东西。

有机化合物真的那样神秘吗?

早在1824年，柏齐力乌斯的学生、当时还并不很出名的德国化学家维勒①，便曾第一次用人工的方法，制成了一种有机物——草酸。

草酸，是存在于动植物体内的有机物:水草、菌、苔、凤尾草和许多植物的细胞膜里，都存在着草酸的盐类——草酸钾。人的尿里也总含有些草酸钙。

但是，维勒把一种剧毒的无机气体——氰，和水一起加热，却制得了草酸!

可是，当时的科学家们都深受柏齐力乌斯的影响，深信用人工的方法是无法制造有机物的，所以都对维勒的工作根本不在意，连维勒自己也并没有意识到自己这个发现所具有的重大意义，把它轻轻地放过去了。

到了1828年，维勒接着又用人工的方法制成了一种有机物——尿素(又称“脲”，化学名为“碳酰胺”)。

尿素，是哺乳动物体内蛋白质代谢的最终产物。人的尿里便有很多尿素，成人每天大约排出30克尿素，它是人体消化蛋白质后生成的产物。但是，维勒却在蒸发氰酸铵溶液时，制得了“人造的”尿素，它的化学成分和天然的尿素一模一样。

---

① 维勒(1800—1882)，德国化学家，哥廷根大学教授，首次合成了尿素并发现了有机化学的异构现象。

维勒人工合成了尿素以后，非常高兴，立即写信给他的老师柏齐力乌斯，信中写道："我要告诉您，我可以不借助于人或狗的肾脏而制造尿素。"

维勒的这一成功，震惊了科学界，引起了科学家们广泛的注意。在人们的心目中，第一次树立起人类能制造有机化合物的信心。

柏齐力乌斯的态度怎样呢？他呀，还是顽固地坚持着自己的"生命力"学说。虽然蒸发氰酸铵溶液可以制得尿素，这是铁一样的事实，柏齐力乌斯按照维勒的方法，也同样亲手制得了尿素。但是，柏齐力乌斯一方面承认了这是事实，一方面却这样为"生命力"学说辩护：尿素，这是动物和人排泄出去的东西，是动物和人不要了的东西，这不能算是"真正的"有机物！

那么尿素究竟算是什么呢？自然，不能把尿素说成是无机物，因为它是含碳的化合物。柏齐力乌斯说，尿素是一种"介于有机物和无机物之间的东西"。这真是诡辩！

但是，第一个浪头刚刚过去，第二个浪头又扑上来了——1847年，德国化学家科尔培用人工方法合成了醋酸。

醋酸是一种有机物，醋里便含有3%—8%的醋酸。平常，人们是用酒精发酵，制得醋酸。纯净的醋酸是无色透明的，在16.67℃以下，就会凝结，变成雪白的结晶体。醋酸具有一股刺鼻的酸味儿。

科尔培这次不是用酒精发酵来制得醋酸，而是用地地道道的无机物——木灰、硫黄、氯气和水做原料，人工地制成了醋酸。

醋酸，大概不会再是什么"介于有机物和无机物之间的东西"了吧？它是真正的有机物！

紧接着，在短短的几年之内，从世界各国的有机化学实验室里，捷报如同雪花般飞来：人们用人工方法，制成了酒石酸（葡萄里所含有的）、柠檬酸（柠檬和橘子里所含有的）、琥珀酸（不熟的醋栗和葡萄里所含有的）和苹果酸（许多不熟的水果里所含有的）。

早在1854年，人们便查明了脂肪原来是甘油和各种有机酸的化合物，并且用甘油和有机酸做原料，用人工的方法制成了脂肪。

俗话说得好："一人踩不倒青草，众人踏出阳关道。"科学上每一个错误的理论，都是在经过一次又一次的事实打击，才从科学的领域中被赶出去。由于人们接连合成了这么多有机化合物，柏齐力乌斯的"生命力"学说，像胀破了的肥皂泡，像触了礁的破船，像阳光下的瓦上霜，像板凳头上的鸡蛋——终于完蛋啦！

有机化学的"密林"

自从维勒在1828年人工合成尿素以来，越来越多的化学家接踵而来，进行有机化学的研究工作。有机化学，这片没有被开垦过的土地上，人们银锄挥舞，开始显得格外活跃，生气勃勃，欣欣向荣。

分析化学家们起劲地在进行有机化合物的分析工作。他们化验了有机化合物的成分，确定它的分子是由哪些原子构成、是由多少原子构成，然后像对付无机物一样，用化学式表示它。例如，在1个甲烷的分子里，含有1个碳原子和4个氢原子，于是，人们便用化学式CH_4（C——碳，H——氢）来表示它；在1个甲醇的分子里，含有1个碳原子、1个氧原子、4个氢原子，于是，人们便用化学式CH_4O（O——氧）来表示它。

但是，当把这种无机化学的表示方法照样搬到有机化学中去时，却又发生了许多怪事。

早在1822年，维勒制得了一种有机化合物，叫作"异氰酸银"。根据化学分析的结果，人们知道在1个异氰酸银的分子中，含有1个银原子、1个氮原子、1个碳原子和1个氧原子，所以，它的化学式应为AgNCO（Ag——银，N——氮）。

第二年，另一个德国有机化学家利比息①接着发现了一种新的有机化合物——“雷酸银”。根据化学分析的结果，人们知道在1个雷酸银分子中，竟然也是含有1个银原子、1个氮原子、1个碳原子和1个氧原子，所以，它的化学式也应为AgNCO。

异氰酸银会不会就是雷酸银呢？不，绝对不是！它们俩的脾气迥异：异氰酸银的“性情”很温和，而雷酸银的“性子”却烈如火药——更确切地说，它就是“火药”！因为雷酸银一受撞击，立即就爆炸。大名鼎鼎的起爆药“雷汞”——雷酸汞，便是它的“亲弟弟”。它们兄弟俩都是异常暴躁的烈马。

这是怎么回事呢？会不会是分析结果不准确呢？于是，维勒和利比息都把自己制出来的样品，送到最享有盛名的、分析结果最精确的柏齐力乌斯那里，请他来分析。

柏齐力乌斯仔细地分析了他们俩送来的样品，所得的分析结果显示，果然两者完全一样！

为什么具有同样化学成分的两种化合物，却会有两种截然不同、天壤之别的性质呢？柏齐力乌斯回答不出来，他以为，也许这只不过是件很偶然的事儿罢了。

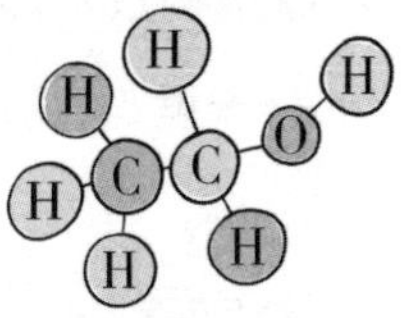

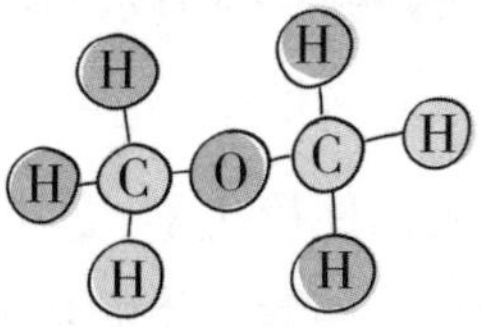

可是，在1828年以后，人们发现了更多的这种现象。其中特别突出的例子是酒精（学名叫“乙醇”）和甲醚。

酒精和甲醚的分子，都是由2个碳原子、1个氧原子和6个氢原子构成的。但是，他

① 利比息（1803—1873），德国明兴大学教授，创立了有机化合物中碳氢的分析法，阐明了尿酸的结构。

们的脾气相差悬殊：酒精具有酒的香味，在78℃就沸腾了。酒精能够和金属钠起化学反应，生成乙醇钠，放出氢气。可是，甲醚却在－29.5℃沸腾，在室温下是一种无色的气体。甲醚和金属钠根本不发生化学反应。

越来越多的事实说明：两种（甚至两种以上）有机物可以具有相同的化学成分而具有不同的化学性质。这么一来，用化学式来表示有机化合物，显然是不合适了。

为什么会出现这样的现象呢？那时的有机化学家们想不通，他们只是感到：有机化学实在太混乱了！

维勒在当时便曾这样写道："有机化学可以使随便哪个人入迷或发生极大的兴趣。它使我看到了一片密林，这密林里充满了奇妙的物质，不论你大胆地闯到哪儿，它都没有出口，也没有止境。"

这段话，十分真切地反映了维勒自己的心情，也反映了当时许多化学家们的心情。

有机化学呀，你到底是自己本来就是一片混乱、没有规律的呢？还是人们还没有认识你的规律，而感到手足无措、茫茫无望，觉得面前是一团迷雾？

有机化学家们在"密林"中彷徨、徘徊、探索、寻找。

寻　　找

1853年，英国化学家佛朗克兰[①]在研究金属和有机基团的化合物时，发现了这样一件事情：每一种金属的原子，只能和一定数目的基团相结合。

① 佛朗克兰（1825—1899），英国化学家。他提出了原子价的概念。

例如，钠原子不能和2个、3个或者更多的基团相结合，而只能和1个基团相结合。锌原子能和2个基团相结合。而铝呢？能够和3个基团相结合。每一种化学元素，都只有固定的结合数目，并不能以任意的比例和其他基团相结合。这正像人只有两只手，只能拉住另外两个人的手。

这个结合的数目，被俄罗斯著名化学家门捷列夫称为“原子数”。现在，人们称它为“原子价”或者“化合价”。

有机化学是研究碳的化合物的化学。自然，“碳是几价”就是头等重要的问题。但是，佛朗克兰并没有弄清楚这一点。

过了几年，著名的德国有机化学家刻库勒①和英国化学家古柏尔②在1857年、1858年分别独立地解决了这个重要的问题。

刻库勒和古柏尔发现，在许多有机化合物中，1个碳原子总是和4个其他原子结合在一起。例如，甲烷的分子含有1个碳原子和4个氢原子——1个碳原子和4个其他原子相结合；氯仿的分子含有1个碳原子、1个氢原子和3个氯原子——1个碳原子又是和4个其他原子相结合！

这样，他们俩就得出了结论：碳原子是四价的③！也就是说，碳原子长着四只“手”！

那么在二氧化碳中，1个碳原子不是和2个氧原子结合吗？难道这样也算是四价？是四价！这是因为氧原子的化合价是二价的，那么，2×2＝4，碳原子仍然还是四价。

确定碳原子是四价的，这是一个重大的发现，它是进一步揭开有机化学秘密的基础，是打开有机化学之锁的钥匙，是到达胜利彼岸的桥梁。但是，不论是刻库勒还是古柏尔，他们都没有揭开有机化学真正的谜底。

---

① 刻库勒（1829—1896），德国化学家，波恩大学教授，是结构学说的创始人之一，首次研究了苯的结构。

② 古柏尔（1831—1892），英国化学家，结构学说的创始人之一。

③ 现在发现，碳原子在极个别的场合下，可为三价，如在石墨中。

布特列洛夫

第一个真正地揭开有机化学秘密的人，是著名的俄国化学家布特列洛夫①。

布特列洛夫从小的时候起，就很喜欢有机化学。他考进喀山大学以后，受到了著名的俄国化学家齐宁②的直接培养，更加热爱有机化学。

1857年，布特列洛夫受命出国，他访问了德国、法国、英国、瑞典、意大利。由于他精通欧洲的语言，所以在这一年中，他不仅认识了当时欧洲著名的有机化学家刻库勒、古柏尔、武兹、本生、迈耶尔，并且和他们对于有机化学上一些重要的问题，一起进行了讨论。

从国外回来以后，布特列洛夫就在喀山大学扩建了实验室，进行有机化学的研究工作。

布特列洛夫开始闯进有机化学的“密林”。1861年，他第一次用石灰水溶液和甲醛的聚合物作用，人工制造了糖类化合物。紧接着，他开始了有机化学的理论研究。

布特列洛夫在苦思着这样一个问题：在有机化合物的分子里，有许多原子，这些原子究竟是乱七八糟地随随便便堆在一起呢，还是有一定的次序?

首先引起他注意的是在几年前佛朗克兰发现的关于原子的化合价的概念。布特列洛夫用一根横道道“—”，来表示原子的化合价。这样，一价的

---

① 布特列洛夫（1828—1886），俄国有机化学家，喀山大学和圣彼得堡大学教授。首次为化学结构提出了清晰的概念，结构学说的创始人之一。1861年，他首先由甲醛的聚合物合成了糖类化合物。

② 齐宁（1812—1880），俄国有机化学家，喀山大学教授。他首先发现把硝基苯还原成苯胺的方法，奠定了染料化学迅速发展的基础。

原子，就有一根横道道；二价的原子，就有两根横道道；三价的原子，就有三根横道道；而有机化合物的“主角”——碳，便有四根横道道了：

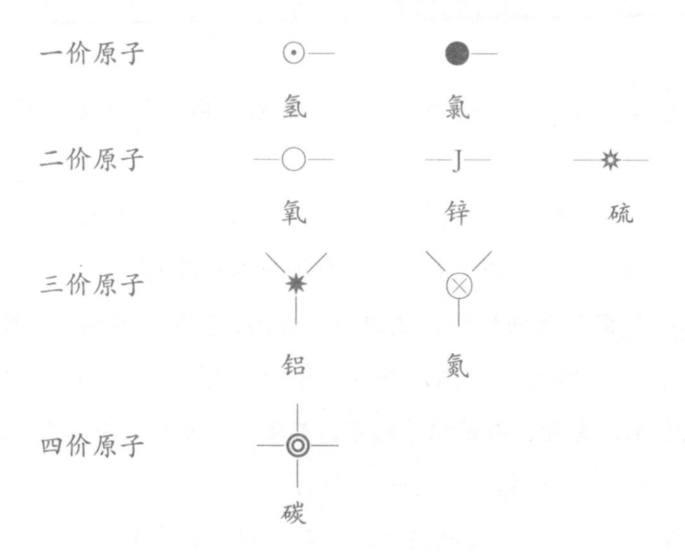

如果采用现代化学元素符号，而不用这些圆圈的话，那就更清楚了：

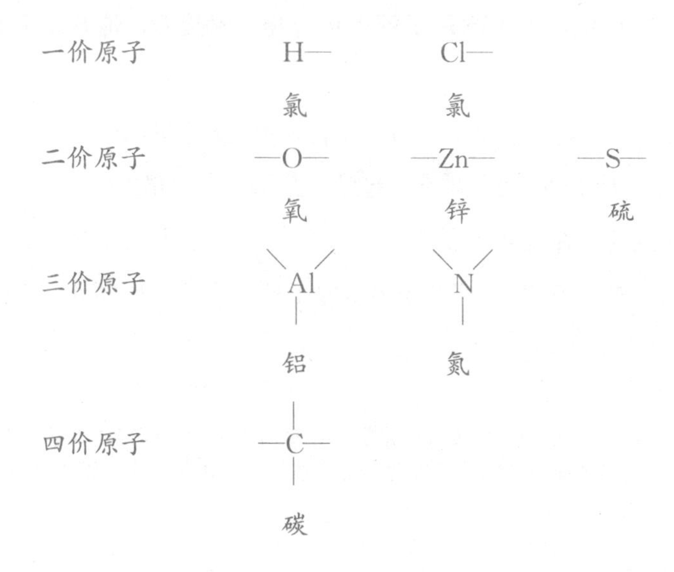

布特列洛夫在画出这些原子的化合价以后，开始用这些原子，来画出每个分子的图样。

就拿水的分子来说，它含有1个氧原子和2个氢原子，那么，它的图样便是这样：

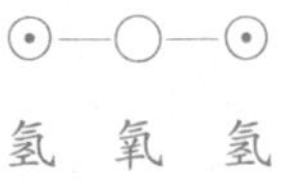

⊙—○—⊙
氢　氧　氢

用现代的化学符号表示，就是：

H—O—H

每一个横道道，就像一只手一样，把两个原子拉在一起。氧是二价的，它有两只“手”，两边拉着两个氢原子。

不论你怎样画，画出来的水分子中的原子结合方式，只有上面的一种！因为在分子中，原子的化合价必须用尽，如果把氢原子画在中间，氧原子画在旁边，那么，原子价就没法用尽。

再拿氨气来说，1个氨气分子是由1个氮原子和3个氢原子构成的。氮原子是三价的，氢原子是一价的，画来画去，它们的结合方法只有这样一种：

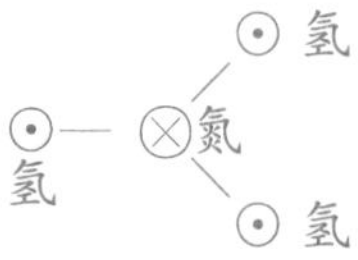

⊙ 氢
⊙— ⊗氮
氢
⊙ 氢

或者这样表示：

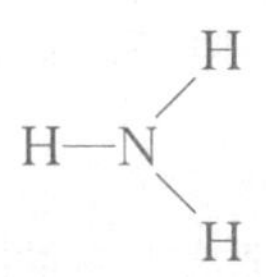

甲烷呢？它的分子是由 4 个氢原子和 1 个碳原子构成的。它的分子的结合方式只有这样一种：

氢 ⊙　⊙ 氢　H　H
◎碳　C
氢 ⊙　⊙ 氢　H　H

四氯化碳的结合方式和甲烷一样，只不过氢原子换成了氯原子，因为它是由 4 个氯原子和 1 个碳原子构成的：

● 氯　● 氯　Cl　Cl
◎碳　C
● 氯　● 氯　Cl　Cl

1 个二氧化碳的分子里，有 1 个碳原子和 2 个氧原子。碳原子是四价的，氧原子是二价的。它的结合方式也只有一种：

○　◎　○　O　C　O
氧　碳　氧

布特列洛夫不断地画着、画着，越画越起劲。当他画到酒精的分子时，他的笔突然停住了。他那宽阔的前额上，出现了沉思的皱纹，因为酒精分子中原子的结合方式，可以有两种！

1个酒精的分子，是由2个碳原子、1个氧原子和6个氢原子构成的。你瞧，下面这两种画法，可不都是把每个原子的化合价都用尽了，而结合方式却不同（○——氧，◎——碳，⊙——氢）：

```
    ⊙   ⊙               H  H
    |   |               |  |
⊙—◎—◎—○—⊙          H—C—C—O—H
    |   |               |  |
    ⊙   ⊙               H  H

    ⊙       ⊙           H     H
    |       |           |     |
⊙—◎—○—◎—⊙          H—C—O—C—H
    |       |           |     |
    ⊙       ⊙           H     H
```

这时，布特列洛夫又联想到另一件事：“可不是吗，人们发现组成酒精和甲醚的化学元素完全一样，但是酒精和甲醚的性质却完全不同，那么，上面这两种结合方式，是不是一个是代表酒精的分子，而另一个是代表甲醚的分子呢？如果真是这样的话，那么，显然一个化合物的性质不仅和分子是由哪些原子构成、是由多少原子构成有关，而且还和分子中原子的排列次序有关！换句话说，两个分子的化学成分即使是完全一样的，但是，如果分子中原子的结合方式不同的话，它们仍然会具有不同的性质。”

布特列洛夫经过一再的思索，他前额的皱纹像水波一样散开了，脸上出现了兴奋的笑容。

布特列洛夫把自己上面所画的这些分子中原子结合方式的式子，叫作“结构式”；把化学式相同，但是由于分子内原子结合方式不同而造成化学性质不同的现象，叫作“同分异构现象”。

1861年10月19日，在什比耶尔城举行的德国医师和自然科学家代表大会上，布特列洛夫做了他的著名的论文报告：《论物质的化学结构》。

在这个报告里，布特列洛夫第一次提出了崭新的学说——化学结构学说。

分子的“建筑学”

布特列洛夫的化学结构学说，是分子的“建筑学”。这个学说一个最主要的观点：一个化合物的性质，不仅和它是由什么原子、是由多少原子构成的有关，而且还取决于分子中原子的排列次序。换句话说，化合物的性质还取决于原子们怎样“建筑”成分子。

布特列洛夫的化学结构式，是分子的“建筑图样”。

当人们砌房子时，总是先画好房子的建筑图样，然后按照图样来砌房子。布特列洛夫画出了分子的“建筑图样”。这些画在纸上的“图样”对不对呢？检验的办法只有一个：按照这个“图样”去制造这样的分子，看它究竟能不能制造出来。

在《论物质的化学结构》这个报告里，布特列洛夫大胆做了这样的预言：根据他的结构理论，在甲醇和蚁酸（即甲酸）之间，还应存在着一种新的、还没有发现的有机化合物！

甲醇的分子是由 1 个碳原子、1 个氧原子和 4 个氢原子构成的；蚁酸的分子是由 1 个碳原子、2 个氧原子和 2 个氢原子构成的。布特列洛夫画出了它们的分子“建筑图样”：

```
    H                 O
    |                 ‖
H—C—OH          H—C—OH
    |
    H

  甲醇              蚁酸
```

而布特列洛夫指出，在它们之间，应该还有另一种有机化合物，在它的分子中含有1个碳原子、2个氧原子和4个氢原子。虽然谁都没有发现过这个化合物，布特列洛夫却把它的分子“建筑图样”也画了出来：

$$
\begin{array}{ccccc}
 & & OH & & \\
 & & | & & \\
H & — & C & — & OH \\
 & & | & & \\
 & & H & &
\end{array}
$$

另外，布特列洛夫根据结构理论，还预言了一个未发现的化合物，这个化合物的分子是由4个碳原子、1个氧原子和10个氢原子构成的，分子“建筑图样”为：

$$
\begin{array}{ccccccccccccc}
 & & H & & H & & & & H & & H & & \\
 & & | & & | & & & & | & & | & & \\
H & — & C & — & C & — & O & — & C & — & C & — & H \\
 & & | & & | & & & & | & & | & & \\
 & & H & & H & & & & H & & H & &
\end{array}
$$

布特列洛夫的大胆预言，震惊了欧洲的科学家们。

“不枉我们选这个青年人做我们的会员!”巴黎化学学会会长、著名法国化学家杜马高兴地对旁边的人说，“他一定会成为一位大科学家。”

可是，也有许多科学家表示怀疑、不相信以至激烈反对。古柏尔便认为人们根本无法知道分子中的原子是怎样排列的，自然，更谈不上用分子的“建筑图样”——结构式来表示化合物了，他写道：“我们从来就不能靠我们的研究工作而获得关于个别原子相互分布的表示方法。”

布特列洛夫的理论究竟对不对呢？自从他作了那次著名的报告以后，人们都在耐心地等待：布特列洛夫所预言的那些化合物，会不会真的被制造出来？

果真被制造出来了！化学家们用人工的方法，制成了一个新的化合物——甲二醇，发现它的“建筑图样”，果然是布特列洛夫所预言的这个样子：

```
      OH
      |
  H—C—OH
      |
      H
```

不久，布特列洛夫所预言的另一种化合物也被合成出来了——乙醚。它是有机化学历史上，第一次根据理论上的预言制成的有机化合物！

一个正确的理论，不仅应该能够解释世界，更应该进一步指导人们去改造世界。布特列洛夫的结构学说，正是这样的一个理论。

自从布特列洛夫的预言被证实以后，化学结构论开始成了有机化学的指导理论，被人们称为“有机化学中的周期律”。

化学元素一共有 103 种，但是，碳却是“羊群里的骆驼——不同于众”：虽然碳在我们地球上的含量并不算太多——只有氧的四十九分之一，只有硅的含量的二十六分之一，然而，它的“足迹”却遍及整个大自然——所有的有机物，都是碳的化合物！哪儿有动物、植物，哪儿就有碳。

至今，人们已发现了 300 多万种化合物，可是，其中绝大部分都是碳的化合物——除了碳以外的其他 102 种化学元素的化合物（无机物），总共才 5 万多种！你瞧，102 种元素的化合物才只及碳的化合物的六十分之一呢！有机化学——这门专门研究碳的化合物的化学，之所以被维勒称为“密林”，之所以茫茫无边，原因便在于此。

自从有了布特列洛夫的化学结构理论，人们懂得了不能仅用化学式来表示有机化合物，而是应该用分子的“建筑图样”——结构式来表示它。在有机化学家的手里，布特列洛夫的化学结构理论像一个梳子一样，把庞大复杂的有机化学按照结构式，梳得整整齐齐的，划分成一类又一类：烷、烯、炔、醇、醛、酮、酸、酯、胺、胂等等。1864 年到 1866 年，布特列洛夫出版了巨著《有机化学通论》，这本书便是第一次把浩如烟海的有机化合物按照结构理论，分门别类地整理得井井有条、条理清楚。至今，各国的有机化学书籍，也都是按照结构理论来划分有机化合物，只不过内容比布特列洛夫的《有机化学通论》更加丰富、更加深入罢了。

布特列洛夫的化学结构理论，也帮助人们揭开了同分异构之谜。像柏齐力乌斯所没法回答的异氰酸银和雷酸银的同分异构现象，结构理论给了正确而清楚的回答。下面，便是它们的结构式——你数数看看，它们分子中的原子种类和原子数都一样，仅仅是分子中各原子的排列方式不同，也正因为这样，这才产生了同分异构现象：

	异氰酸银	雷酸银
化学式	AgNCO	AgONC
结构式	Ag—N=C=O	Ag—O—N≡C①

现在，人们根据结构理论便可以计算出一种有机化合物到底有多少同分异构体。显然，化合物中所含的碳原子的数目越多，它们的异构体的数目也就越多，因为原子多了，排列的方式也就迅速增加。以烷烃为例：甲烷、乙烷、丙烷都只有一种排列方式，没有异构体；丁烷有 2 种；戊烷有 3 种；而二十烷②的异构体有 366319 种！有机化合物的数目之所以达 300 多万种，秘密便在于它有许多同分异构体。是啊，你瞧，仅二十烷的同分异构体就有 36 万多种，还有异构体数目比它更多的二十一烷、二十二烷……

① 这里的碳原子和氮原子间形成的配键，碳原子是三价的，很不稳定，所以雷酸银一触即炸。

② 在有机化学中，碳原子数在 10 个以下，常用干支表示，如甲烷，含有 1 个碳原子，乙烷含有 2 个碳原子，其余类推。在 10 个以上，直接用数字表示。如二十烷便含 20 个碳原子。

因此，现在人们已发现的有机化合物 300 多万种，比实际上可能存在的有机化合物的数目要不知少多少哩！

有机化合物的数目，随着科学技术的进步，在迅速地增加着。特别是近几十年来，高分子化学飞快地发展，每一种高分子化合物的分子，常常含有几千，甚至几万、几十万个碳原子。可以设想，它的同分异构体的数目有多大！更可以设想，假如没有布特列洛夫的结构理论，人们在这盈千累万种有机化合物包围之下，将会何等窘迫、何等束手无策！

自从 19 世纪 60 年代建立了布特列洛夫化学结构以来，有机化学工业迅速得到发展，煤焦油从“废物”一跃而成为宝贝，化学家们从这“聚宝盆”里提取几百种原料用来制造染料、香料、塑料、炸药……

布特列洛夫结构理论获得很高的声誉。1868 年，门捷列夫在向圣彼得堡推荐布特列洛夫时写道：“布特列洛夫……利用关于化学变化的研究，力图深入去探求那团结各种元素成为一个整体的关系……他是我国著名的科学院院士齐宁的学生，他不是在别的国家成为化学家，而是在喀山，在那里他发展了独立的化学学派……我个人可以作证像德国、法国的武兹和科尔培这样的科学家，都认为在当代化学理论研究方面，布特列洛夫是最有影响的人物之一。”

布特列洛夫十分谦虚，他欢迎新生的事物，认为他的理论并不是僵硬不变的教条，他在《化学结构理论的现代意义》中写道：“不能不指出，由化学结构理论所引出的结论，在千百种情况下都是和事实相符的。然而在这儿，当然，和任何一种理论一样，都是有着某些缺点，有着不完善的地方——仍然会遇到一些事实，不能严格地符合化学结构观念。无疑地，我们特别希望多有一些这样的事实。正是这些不能用已有的理论来解释的事实，对科学最为宝贵，因为我们应当由研究这些事实来期望科学在最近的将来得到发展。”

后来，布特列洛夫化学结构理论经过荷兰化学家范霍夫[①]、法国化学家勒柏尔[②]和俄国化学家马尔可夫尼可夫[③]等人的充实和丰富，得到进一步的发展，而成为现代有机化学的指导理论。特别是在有机合成方面，人们根据布特列洛夫结构理论，预言并且发现了许多新的、很有用的有机化合物和有机反应。

的确，有机化学是一片“密林”，它漫无边际，它隐藏着许多秘密，它不可穷尽，但是，自从有了布特列洛夫结构理论，人们像有了指南针一样，在这密林中不再会迷路了，而且沿着既定的目标，充满信心地前进!

---

① 范霍夫（1852—1911），荷兰著名化学家，柏林大学教授，是立体化学的创始人之一，并对溶液的理论有重大的贡献。

② 勒柏尔（1847—1930），法国化学家，立体化学创始人之一。

③ 马尔可夫尼可夫（1837—1904），俄国著名有机化学家，布特列洛夫的得意门生，对化学结构理论有很大贡献。

3 在原子深处

奇妙的射线

1000多年来，人们一直认为原子是绝对不变的东西。“原子”，希腊文的原意就是，“不可分裂的”。

原子，真的是“不可分裂的”吗？原子，会不会是由更小的“微粒”构成的呢？

1896年，法国科学家贝克勒尔①的实验室里，发生了一件怪事：一包包得好好的照相底片，放在桌子上“无缘无故”地感光了。一冲洗出来，照相底片黑点斑斑——而如果没有感光过的照相底片，一洗出来应该是无色透明的！

这是怎么回事呢？

贝克勒尔简直像“戴了木头眼镜——看不透”，猜这到底是怎么回事。

---

① 贝克勒尔（1852—1908），法国物理学家。因发现天然放射性，与居里夫妇共同获得了1903年度诺贝尔物理学奖。

他开始寻找：把放在照相底片四周的东西，都拿起来仔仔细细地端详一番。

最后，贝克勒尔的视线，终于落到了桌子上的一瓶黄色的晶体上——就是它在捣蛋！

这黄色的晶体，是铀钾硫酸盐。贝克勒尔祖孙三代，都是研究荧光现象的。因为铀钾硫酸盐能够射出荧光，所以贝克勒尔在这一年，正在起劲地研究它。

贝克勒尔发表了自己的论文，表明铀钾硫酸盐有一种奇妙的性质——它能射出一种看不见而穿透能力极强的射线，以致使外面用纸严密地包裹着的照相底片也感光了。

贝克勒尔是巴黎索本大学的教授，他的论文引起了大学里的一位年轻的波兰姑娘玛丽亚·斯可罗多夫斯卡①的注意。她决心探索这奇妙的射线的秘密。由于进行这项研究工作，需要测量极为微小的电流，而当时的物理学助教比埃尔·居里正在研究压电现象，他十分熟练地掌握了测量微小电流的技术，于是，贝克勒尔教授就把居里调来，让这两个年轻人一起工作，共同进行研究。

不久，他们发现了一个似乎十分矛盾的现象：铀是个放射性元素，铀钾硫酸盐那种奇妙的射线，便是其中所含的铀放射出来的。自然，铀越多，放射性射线应该越强。然而，有两种天然的铀矿——沥青铀矿和绿铀铜矿所具有的放射性居然比纯的金属铀还强！例如，捷克雅希莫矿区的沥青铀矿所射出的放射性射线比纯铀要强3倍。

于是，他们作出了这样的推测：在天然铀矿里，可能会含有一种新的、放射性比铀更强的元素。

1898年，居里夫妇向巴黎科学院报告：他们所研究的铀矿中，肯定有一种具有强烈放射性的元素。但是，这新元素是什么样的？什么颜色？具有什么化学性质？谁也不知道。

---

① 玛丽亚·斯可罗多夫斯卡（1867—1934），波兰女科学家，世称“居里夫人”，是世界上唯一的两次诺贝尔奖获得者。

科学院给他们提出了这样的任务：把这新元素找出来！

于是，居里夫妇就开始研究下去。当时，他们没有很好的实验室，一再向校长请求拨出一点地方来作为研究的场所，可是，学校只拨给他们一间原先作贮藏室的房子，又闭塞又潮湿，更谈不上什么科学设备。但是，居里夫妇并没有被困难吓倒，他们自己动手，安装好仪器，就干了起来。

摆在他们面前更大的困难，是沥青铀矿里所含的这种元素非常少，还不到百分之一！为了提取一丁点儿的试样，就必须把几十公斤的矿物溶解，分解成各种成分。居里夫妇耐心地工作着：用盐酸把沥青铀矿溶解，通入硫化氢后，发现所得的硫化物沉淀含有铅、铋等，且具有很强的放射性。他们又接着用硝酸溶解这硫化物，加入硫酸沉淀其中的铅（生成不溶性的硫酸铅），加入氢氧化铵以沉淀铋（生成不溶性的氢氧化铋），在这最后所得的一丁点儿沉淀里，他们终于发现了一种新元素。

1898 年 7 月，居里夫妇向巴黎科学院报告了自己的发现，并把这新元素命名为“钋”，以纪念居里夫人的祖国——波兰。[①]

1898 年 12 月，居里夫妇接着又宣布：他们在铀矿里还发现了一种新元素——镭。

果然，钋和镭都是具有强烈放射性的元素，比铀要强好多倍！

原子可以分裂

有一次，贝克勒尔教授准备出去讲演。临走时，他顺手拿了一根装着镭盐的玻璃管，塞在衬衫的袋子里。在讲演完了后，他突然感到前胸很疼。原来，他的皮肤被放射性射线灼伤了。

---

① 钋的拉丁文读音为“波兰宁”——“Polonium”。

比埃尔·居里首先发现：装着镭盐的管子附近的温度，总是比周围环境的温度高。他做了这样一个实验：在一个夹壁的圆筒里放进一只盐管，抽掉夹壁中的空气，以防止热量散失；在同样的另一个夹壁圆筒里，放进一根没有放射性的钡盐管。结果，第一个圆筒的温度比第二个高了十几度！

后来，人们经过精确的测定，发现一克镭在一小时内，要放出 140 卡热。换句话说，能够把 140 克水的温度升高 1℃。但是，奇怪的是，一小时又一小时过去了，一天又一天过去了，一年又一年过去了，镭照样不断地、自动地、几乎不变地每小时放出 140 卡热。只有经过 1600 年以后，它的速度才会降低一半，一克镭每小时放出 70 卡热。

一克镭只有一点点，但如果让它完全把热放出来，可以有 270 亿卡，足以使 29 吨冰融化变成水！

镭不仅会放出热能。1898 年，居里夫妇忙着从事镭的研究工作，他们做了这样的分工——居里专门研究镭的性质，居里夫人专门负责从沥青铀矿里提取镭盐。一天晚上，当居里夫人走进实验室里时，看到一幅迷人的景象：盛着镭盐溶液的杯子，正闪耀着柔和的、浅蓝色的光！在这蓝光下，甚至可以依稀辨别书上的字句。

此外，在镭射线照射下，无色的玻璃会变色，照相底片会感光，白色透明的金刚石表面会生成一层黑色的石墨，水会自动地分解变成氢气和氧气，甚至还会生成臭氧和过氧化氢……

一句话，镭射线不是普普通通的射线，它具有一定的能量，这能量可以转化成热能，也能激发一些物质发生化学变化。其他放射性元素的射线，也和镭射线一样。

镭的能量来自何方？

1908 年，著名的英国原子物理学家卢瑟福[①]在做光谱分析时，发现原

① 卢瑟福（1871—1937），英国著名物理学家。他首先提出了放射性半衰期的概念。

先盛有少量氯化镭的盒子里，突然出现了两种新的元素——氡和氦。这两种惰性气体，是打哪儿冒出来的呢？

经过不断探索，人们终于发现：1000多年以来认为原子是“不可分裂”的观点，是错误的！原子，是可以分裂的。镭射线的能量——原子能，便是镭原子在分裂时放出来的巨大的能量。

原来，在720亿个镭原子中，平均每秒钟有一个要分裂，要爆炸，向周围以每秒2万千米的速度，射出它的“碎片”。镭原子分裂后，变成了两个更小的原子——氡原子和氦原子，如果用核裂变方程式来表示，即：

$$_{88}Ra^{226} = {}_{86}Rn^{222} + {}_{2}He^{4}$$

其中Ra为镭，Rn为氡，He为氦，每个元素符号左下角的数字表示原子序数（即原子核中质子数），右上角的数字表示原子量（即原子核中质子数和中子数之和）。

氡原子还会裂变下去，一直裂变到没有放射性的元素——铅为止。

就这样，人们开始第一次明白：原子是可以分裂的。

原子既然是可以分裂的，这也就是说，原子是由更小的“微粒”构成的。原子究竟是由哪些更小的“微粒”构成的呢？

人们在向原子的深处进军！

电子之谜

在很早很早以前，人们就发现了这样的事儿：把玻璃棒和绸子互相摩擦，然后把它拿到纸屑上面，哟，纸屑都像长了翅膀一样被吸了上去！

人们也发现了这样的事儿：在干燥的日子里，拿着梳子在黑暗的屋子里梳头，一梳起来，头发上会冒火星！

这是怎么回事呢？

经过不少科学家的研究，人们开始知道：原来，当两个物体相互摩擦后，会带电，而且两个物体是带着相反的两种电荷——正电和负电。例如，玻璃棒和绸子摩擦以后，玻璃棒就带正电，绸子就带负电。用梳子梳头发，也是摩擦生电，所生成的电荷甚至还能冒出火花来！

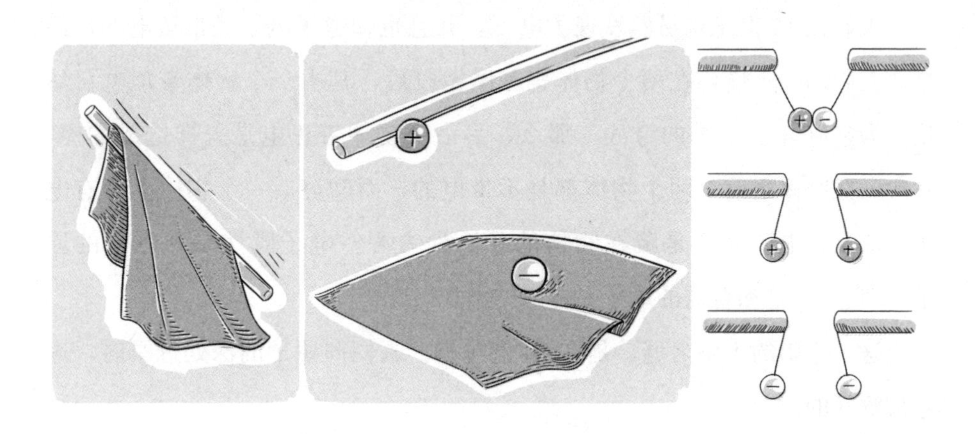

同一种电荷互相排斥，不同电荷互相吸引。人们做了这样的实验：把经过摩擦以后的玻璃棒和绸子，分别和两个挂在线端的轻盈的小球相接触，使一个带上正电荷，一个带上负电荷。当这两个带着异性电荷的小球靠近时，竟然就会相互吸引；相反的，如果让这两个小球都带上正电荷或者都带上负电荷，那么，两个小球在靠近时便会互相排斥。

摩擦为什么会起电？物体为什么会带电呢？在18世纪，科学家们认为存在着两种微妙的“电的流体”：正的“电的流体”和负的“电的流体”。当两个物体相互摩擦时，正的“电的流体”和负的“电的流体”便被分开了，这样便使两个物体分别带上正电和负电。到了19世纪末，人们在进行阴极射线的研究中，开始明白了电荷并不是由什么微妙的“电的流体”构成的，而是和物质一样，是由一粒粒极微小的“微粒”所构成的。只不过这种“微粒”比原子要轻得多，而且是带有负电的，人们称它为“负电的原子”，后来简称为“电子”。

如果某种物体带有负电荷，那就是说，它的里面有许多微小的电子。电流，便是大量电子的流动而造成的。

电子的质量和它所带的电量实在是太小了：在一盏 20 瓦的电灯的钨丝中，每秒钟就有几百亿亿个电子通过，而这几百亿亿个电子加在一起的总质量，也还不到十亿分之一克!

人们在 19 世纪末虽然发现了电子，并且也知道了电子是带负电的，但是，人们却弄不懂：在两个物体相互摩擦以后，其中一个物体带负电自然是因为它有许多电子的缘故，那么，另一个物体带正电是怎样造成的呢?其次，在摩擦之前，两个物体都是不带电的，而摩擦后一个物体上带有电子，那么，电子究竟是藏在物体的什么地方呢?电子既然是“带电的原子”，它是不是和普通的原子一样的“微粒”呢?

这一连串的不解之谜，是在 20 世纪初，人们向原子的深处进军时，这才被解开的。

卢瑟福的发现

20 世纪初，英国原子物理学家卢瑟福做了这样一个实验：用镭不断裂变而射出来的速度为每秒 2 万千米的“碎片”——氦核——作为“炮弹”，向“靶子”——一张比这页纸还薄、厚度只有千分之一毫米的金箔——进行“射击”。他在金箔的背后，放了一个硫化锌荧光屏——如果有氦核射到荧光屏上时，荧光屏就会产生一点闪光。

你猜猜实验的结果会是怎样的呢?射出来的“炮弹”，会不会被“靶子”挡住?

当时，科学家们都认为原子是个坚实的小球，自然，金箔也就是由这些坚实的小球（金原子）密密麻麻地堆积而成的。那么，当用氦核进行“射击”时，氦核一定没法穿过这“靶子”，在荧光屏上就看不见有一点儿闪光。

可是，实验的结果却大大地出乎卢瑟福的意料：绝大部分氦核都穿过了金箔，在荧光屏上频繁地激起点点闪光，犹如千万个萤火虫在那里一闪一闪地飞翔。不过，也有少数氦核，远远地被抛在一边，甚至有的被迎头打了回去。

卢瑟福对于这个实验的结果非常重视。他经过一再研究，得出了这样的两个结论：

首先，十分明显，原子绝不是整个坚实的小球。在原子的内部，大部分地方都是空荡荡的空间。正因为这样，氦核才像子弹穿过渔网似的，绝大部分都笔直地穿过去了。

其次，在原子的内部，也有某种“障碍物”，它使少数的氦核不得不改变了前进的方向。

这些“障碍物”会不会是电子呢？绝对不可能！因为：第一，电子比氦核要轻得多，正如尘埃挡不住疾飞的子弹一样，电子怎能拦得住疾飞的氦核？第二，电子是带负电的，而氦核是带正电的，它们不仅不会相互排斥，反而会相互吸引呢。

那么，这“障碍物”究竟是什么东西呢？卢瑟福断定：在原子中一定有一种带着正电，而质量又相当大的“微粒”，他把这种“微粒”叫作“质子”。质子的希腊文原意便是“第一”。

质子的发现，是人们向原子深处进军的第一个重大的胜利。

卢瑟福的实验，引起了许多科学家的重视。人们经过艰苦努力，不仅证明在原子中的确存在着质子，而且还测定了质子的质量是电子质量的1800多倍。质子所带的电量和电子一样多，只不过一正一负，电性恰好相反。

原子的“长相”，究竟是什么样的呢？

卢瑟福根据自己的实验结果，第一次描绘了原子的“长相”——原子模型：原子就好像太阳似的，中心是一个小而重的只带正电的原子核，周围有许多轻而小的电子像地球绕着太阳旋转一样绕着原子核旋转。

在原子核中，除了质子以外，是不是还有其他的“微粒”呢？这个秘密，直到人们学会了“轰击”原子之后，才被揭开。

轰击原子

1594年秋天，德国的一个小城里，突然变得格外热闹，街头巷尾满是人，到处熙熙攘攘。人们在等待着，因为今天将有一个奇怪的队伍穿过街道。

不久，这奇怪的队伍终于出现了：在队伍最前面走着的那个人，低着头，双手被紧紧地反绑着，穿的是一件金色的外衣。在他后面，紧跟着一个大腹便便、满脸横肉、杀气腾腾的胖军官。再后面，便是一队士兵。

原来，今天要在广场上，把那个穿着金色外衣的人处以绞刑。当士兵们簇拥着他走上绞刑架时，那个胖军官从制服的袖口里拿出了一张纸，向市民们宣读：“大公爵谕！现在命令用绞刑处死诈骗犯奥斯卡·伦菲尔德。该犯自称能发现制成黄金的伟大秘密，并向我取去大量金钱进行实验，结果只炼得类似黄金的小块金属。经检验证明这黄金是假的。现将伦菲尔德逮捕并处绞刑！”

原来，这个被处死刑的伦菲尔德，是个“炼金术士”。在中世纪，这样的“炼金术士”几乎每个城市都有，他们费尽心机，绞尽脑汁，想“点石成金”，用贱金属制造出黄金来。但是，没有一个人成功！换句话说，他们没有办法把一种元素变成另一种元素，把一种原子变成另一种原子。

20世纪初，人们发现了原子是可以分裂的，镭可以裂变成氡和氦，氡可以裂变成铅，这就第一次用事实证明了一种元素可以变成另一种元素，一种原子可以变成另一种原子。

但是，不管是镭原子的裂变也好，铀原子的裂变也好，它们都是按照自己的“意志”来裂变，人们没法去控制它，让它变成我们所需要的原子。

第一次用人工的方法，使一种原子转变成另一种原子，是在1919年：卢瑟福用镭原子裂变所射出来的速度为每秒2万千米的氦核作为“炮弹”，去轰击氮原子，结果竟然使氮原子变成氧原子，而氦原子本身变成了氢原子！

$$_{7}N^{14} + _{2}He^{4} \longrightarrow _{8}O^{17} + _{1}H^{1}$$

从这以后，科学家们学会了一个重要的手段：轰击原子！在各国的实验室里，人们经常用放射性元素裂变所放出的高速的“碎片”作为“炮弹”，轰击原子，制得新的原子。

1930年，人们试着用镭裂变放出的氦核，去轰击铍原子，结果把铍原子变成了碳原子，并且打下来了一种以前所不知道的“碎片”。这种“碎片”具有很大的穿透能力，以至能透过连X射线都没法透过的厚铅板。显然，这种新“碎片”是不可能带有电荷的，否则它一定会受铅原子核电荷的作用而被挡住。

到了1932年，人们证明了这种“碎片”，是一种新的“微粒”——中子。

中子长得和质子一样高，一样重，不同的是中子不带电荷，而质子带有正电荷。

1932年，苏联著名原子核物理学家伊凡宁科便根据这一发现，提出了新的原子模型学说，他认为：一切原子都是由电子和原子核两部分构成的，而原子核是由质子和中子构成的。原子核中的质子数等于核外的电子数。电子绕着原子核不停地旋转。

现在，伊凡宁科的原子模型学说，已经被世界科学界所公认。

1934年，在法国巴黎镭研究院工作的费列特里克·约里奥·居里和他的夫人伊兰·约里奥·居里（居里夫人的女儿）用人工方法，制造出了放射性原子：他们用镭裂变产生的氦核轰击铝片，铝原子变成了磷原子。这磷原子是具有放射性的！为了证明这一点，他们把用氦核轰击过的铝片溶解在盐酸里，其中的磷原子就和盐酸生成了磷化氢气体。他们收集了磷化氢，经过探测，这些气体具有放射性。这就是说，人类不仅能够用轰击原子的方法，制得普通的原子，还能制成放射性原子。从此，人们跨进了一个新的领域，不需要再仰仗于大自然，自己就能制造放射性元素了。

人们真的能“点石成金”吗？20世纪40年代，已有人利用放射性汞，制出了地地道道的黄金来，只不过成本很高罢了。

原子是由什么构成的

原子是由什么构成的？这是现代科学的尖端问题之一，是物理学的最前线！

自从1932年伊凡宁科提出原子模型学说以后，人们才第一次揭开了原子构造之谜，人们找到了构成原子的最基本的三种微粒——电子、质子和中子。

原子，是个“空荡荡”的世界。

人们曾经做过这样一个有趣的实验：把一些油倒进一个厚壁的钢筒里，然后，把钢筒密封起来，再对它施加极大的压力。当压力增加到几千个大气压时，钢筒的外壁突然像出汗似的出现了一些微小的油滴——油穿过厚厚的钢壁渗透出来了！

这是为什么呢？这是因为构成物质的分子非常小，而分子和分子之间的距离却非常大。不仅如此，分子是由原子构成的，在原子里，原子核也只占一点点体积，其余都是“空荡荡”的空间：如果把一个原子放大成天安门旁的人民大会堂那么大，那么，原子核的体积只相当于一个电灯泡那么小！至于核外急速旋转着的电子，只相当于一粒黄豆那么小！

正因为这样，如果把喜马拉雅山整座山上的原子核都紧紧地压在一块儿的话，就连你衣服上的口袋也能把它装下。而如果你面前的这本书纯粹是原子核紧挨着堆成的话，别说你不可能拿得动它，就连现在世界上力气最大的起重机，也难挪动它一分一寸、一丝一毫！

原子是什么样的呢？原子就是这样：中心是一个小小的、由质子和中子构成的原子核，在原子核外面，更小的“微粒”——电子在急速地绕行着。

原子世界的“居民”，除了质子、中子和电子以外，还有其他的“微粒”——基本粒子：介子、中微子、正电子、光子、超子和变子。

现在，我们就来认识一下这些原子世界的居民们：

介子，日本学者汤川最早从理论上预言它的存在。1937 年，人们发现了第一种介子——“μ 介子”[①]；1947 年，人们发现了第二种介子——“π 介子”。

介子，顾名思义，是因为介于电子和质子（亦即中子）之间。“μ 介子”有两种：一种带正电，一种带负电，质量都约等于电子质量的 210 倍；“π 介子”有三种：一种带正电，一种带负电，一种不带电，它们的质量等于电子质量的 260—270 倍。介子，是当人们用其他粒子轰击原子核时，干扰了原子核的介子场而产生的。

中微子，顾名思义，是因为它中性不带电，而质量又是最小的“微粒”。中微子的质量，比小小的电子还轻哩，只有它的万分之五。中微子是在放射性原子的核发生 β 衰变（即射出电子）时产生的。

正电子，这名字你一听就知道它的“长相”：它和电子长得一模一样，质量相等，只不过它带正电罢了。正电子是在原子核裂变时，核中的质子

① 编者注：现在所称介子一般包括 π 介子、η 介子和 κ 介子。μ 介子被物理学家归入轻子一类。

转变成中子时放出来的。

正电子很有趣：当它遇上一个电子时，可以“摇身一变”，变成两个光子！

至于光子，你是不会陌生的，因为光线便是由大量光子构成的光子流。特别古怪的是，光子轻到这样的程度——它的静质量等于 0。

变子和超子，是第二次世界大战以后才发现的，人们对它们的脾气还不十分了解。

1960 年 3 月，中国原子物理学家王淦昌教授带领的研究组，在联合原子核研究所还发现了一种新的基本粒子——反西格玛负超子。

你瞧，看不见的世界——原子世界，是多么奇妙，多么有趣，居住着多少小小的居民啊！

然而，现在人们还只是刚刚跨进原子世界，和这些居民还只是刚刚握过手！现代科学还不能十分肯定地说，现在已经发现的这些基本粒子，已是原子世界真正的“基本”粒子了。随着科学技术的发展，以后很可能会发现，现在所谓的基本粒子，也许并不“基本”，而是由更小的微粒构成的。

原子世界的秘密，一定要揭开，也一定能够揭开！

人类在发射人造卫星、宇宙火箭，向广阔无边的宇宙进军的同时，也正在向看不见的世界——原子的深处挺进！

治虫的故事

《治虫的故事》序

我毕业于北京大学化学系，写作化学科普读物，属于我的本行。

我怎么会写起《治虫的故事》呢？

我曾在“五七干校”种了三年水稻。为了防治水稻病虫害，“五七干校”需要设立植保员。喷洒农药时，需要兑水，配置成一定的浓度。这些技术需要有“化学功底”，于是我就被推上植保员的岗位。

我当了三年植保员，跟各种虫子打交道，跟各种农药打交道。正巧，安徽人民出版社编辑黄国玉来上海组稿，我说起治虫的种种故事，也就约定了这本《治虫的故事》。《治虫的故事》最初于1976年12月由安徽人民出版社出版。后来，中国少年儿童出版社选中《治虫的故事》，将其列入“少年百科丛书”，于1978年9月增订再版，第一次印刷，就印了100万册！

100万册，这在今天看来，几乎是不可想象的巨大印数。然而，这100万册居然很快就销光了。

当时，这本书不仅成为农村中小学生的课外读物，没想到，这本小书还被各地的植保员训练班列为教材！

《治虫的故事》还和《石油的一家》一起被译成维吾尔文和哈萨克文，由新疆人民出版社出版。

更没想到，这本小书被台湾谦谦出版社看中，在1991年6月印行了台湾版。

当我收到印刷精良的台湾版《治虫的故事》，回忆起当年在“五七干校”当植保员的岁月，不由得感慨万千！

其实，《治虫的故事》一书的命运，不就是作者人生命运的缩影吗？

1　益虫与害虫

形形色色的昆虫

在十个小读者中，起码有九个是喜欢虫子的。

田野里，形形色色的虫子可真多：蜜蜂穿着黄白相间的背心，整天嗡嗡地唱着歌儿，忙碌在百花丛中；蜻蜓瞪着一对灯笼般的大眼睛，伸展着长长的透明的翅膀，在空中巡逻；知了像个蹩脚的歌唱家，用一个调门反反复复唱个不停；蜘蛛一声不响，在角落里“摆起八卦阵，单捉飞来将”；金龟子穿着美丽的盔甲，大口大口地咬着庄稼的叶子；萤火虫在夜晚带着绿色的小灯笼，闪闪烁烁出没在草丛中……

鲁迅先生在《从百草园到三味书屋》一文中，生动地描绘了他童年时代那百草园中的虫子世界：“不必说碧绿的菜畦，光滑的石井栏，高大的皂荚树，紫红的桑葚；也不必说鸣蝉在树叶里长吟，肥胖的黄蜂伏在菜花上，轻捷的叫天子（云雀）忽然从草间直窜向云霄里去了。单是周围的短短的泥墙根一带，就有无限趣味。油蛉在这里低唱，蟋蟀们在这里弹琴。翻开断砖来，有时会遇见蜈蚣；还有斑蝥，倘若用手指按住它的脊梁，便会啪的一声，从后窍喷出一阵烟雾……”

不过，我们平常所说的“虫”，与生物学上所说的“昆虫”并不完全一致。人们常把蜈蚣叫作“百足虫”，把蛇叫作“长虫”，还有蛔虫、血吸虫……按照生物学上的科学分类，它们都不属于节肢动物门昆虫纲：蜈蚣虽然也是节肢动物门，却属于唇足纲，蛇属于脊索动物门，蛔虫属于线虫动物门，血吸虫属于扁形动物门。此外，蜘蛛、蚯蚓、蜗牛也常被人们统称为“虫”。其实，蜘蛛属于节肢动物门蛛形纲，蚯蚓属于环节动物门，蜗牛却属于软体动物门。至于青蛙、癞蛤蟆，常被人们称为“益虫”，实际上它们属于脊索动物门。

那么，究竟什么是昆虫呢？

昆虫也叫六足虫，是动物界节肢动物门中的一个纲。它的特征是身体分头、胸、腹三部分，胸部长着三对足、两对翅膀。

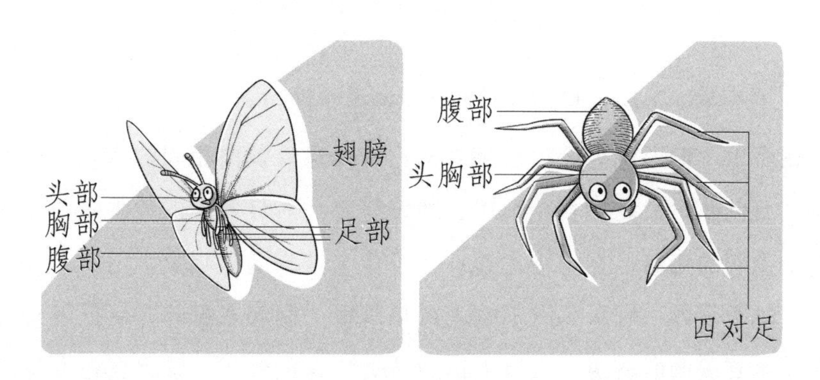

就拿你熟悉的白蝴蝶——菜粉蝶来说吧，它的身体是由头、胸、腹三个部分组成的，长着六条足，四个翅膀。你仔细观察一下蜻蜓、蟋蟀、蟑螂、知了，可以发现它们也有这些特征，它们都属于昆虫。

你再仔细看看蜘蛛，可以发现，它的头部和胸部是合在一起的，身体只分两个部分——头胸部和腹部。它的足不是三对，而是四对，还没有翅膀，所以蜘蛛不是昆虫。至于蚯蚓、蜗牛，它们和昆虫更无相似之处。

也许你会问，菜粉蝶属于昆虫。它的幼虫——菜青虫，分不清胸部和腹部，也没有翅膀，算不算昆虫呢？当然也算。上面所讲的昆虫特征，是指成虫而言的。如果成虫属于昆虫，那么，它的幼虫也属于昆虫。

也有一些例外。苍蝇和蚊子只有一对翅膀，另一对翅膀已经退化为棒状的平衡棒了；臭虫只有一对很短的翅膀，不细看简直看不出来；跳蚤、虱子的翅膀已经完全退化了。它们也属于昆虫。

在我们居住的这个星球——地球上，要算昆虫的种类最多，占全部动物种类数的五分之四，已经起了名字的大约有 100 万种。不论是天上、地下，还是地面、水中，甚至是动植物的体内、体外，几乎到处都有昆虫在活动着。

朋友和敌人

事物都是一分为二的。种类繁多的昆虫，可以分为益虫和害虫。

什么是益虫？什么是害虫？

长得漂亮的昆虫，一定是益虫吗？不！菜粉蝶多好看，金龟子多美丽，天牛多漂亮……可它们都是害虫。

好玩的、有趣的昆虫，一定是益虫吧？不！知了多好玩，纺织娘多有趣……可它们也都是害虫。

划分益虫和害虫的标准，是看它对农业生产和人们生活有利还是有害。益虫是我们的朋友，害虫是我们的敌人。

金龟子会把油菜、莴苣、甜菜的叶子咬得千疮百孔，所以是害虫。

天牛幼虫的嘴巴非常厉害，它专啃树根、树干，是破坏树木的一大祸害，人们说它是“倒树虫”。

知了也不是好东西，这位歌唱家的幼虫专门吸食树根的汁液，当然是害虫。

至于纺织娘——螽斯，要用豆角和南瓜花之类来喂养，这可判断它肯定是害虫。

蜜蜂能为庄稼传授花粉，又能酿蜜，是大名鼎鼎的益虫。

蜻蜓能在一小时内吃掉40只苍蝇或者上百只蚊子，当然也是益虫。

萤火虫的功劳也不小——它的幼虫最爱吃钉螺和蜗牛。钉螺是血吸虫的帮凶，蜗牛是损害庄稼的能手。萤火虫的幼虫专门消灭这些坏蛋，所以萤火虫也就成了我们的朋友。

蚕本来是桑树的寄生虫，光靠吃桑叶过活。人们把蚕养起来让它结茧，抽出丝来织成绫罗绸缎，蚕于是成了益虫。

蝴蝶究竟是益虫还是害虫呢？那可要具体分析。蝴蝶和蜜蜂一样，能为庄稼传授花粉。从这一点来讲，它是益虫。不过，蝴蝶有很多种。有一种穿素衣素裙的菜粉蝶，它的幼虫——碧绿的菜青虫却是蔬菜的大敌，常把菜叶咬得像渔网似的，所以过大于功，属于害虫。据调查，世界上有14000多种蝴蝶，幼虫时期危害庄稼的大约有几十种，其余的对庄稼的危害不大，整体来看蝴蝶功大于过，属于益虫。

这么看来，辨别一种昆虫究竟是我们的朋友，还是我们的敌人，并不是一件简单的事儿。要得到正确的结论，必须经过充分的调查研究。

庄稼的大敌

蝗虫是庄稼的大敌。以前，人们把蝗虫与洪水、干旱相提并论，称其为“蝗灾”。

我国的蝗虫有300多种，最厉害的一种叫作飞蝗。飞蝗常常成群结队飞行，黑压压的像一大片乌云，一次能飞几百里。蝗群一落下来就嚓嚓嚓嚓地咬食庄稼。一转眼工夫，成片绿油油的庄稼被它们咬得东倒西歪，茎残叶缺。

早在公元前707年，我国就有蝗灾的记载。从那时起到1949年，这2600多年中，历史上一共记载了800多次大的蝗灾，平均三年就有一次！

1927年，山东遭受蝗灾，六七百万农民流离失所，四处逃荒。1943年，今河北省黄骅市一带发生严重的蝗灾，蝗虫不仅把庄稼、芦苇吃得一干二净，连糊在窗上的纸都吃光了。有一群飞蝗窜进一户农民家里，竟然咬破了孩子的耳朵。

史书上经常用“赤地千里”“寸草不留”“饿殍载道”这些字句来形容蝗灾。农民用这样的歌谣痛诉蝗虫：“蝗虫蝗虫，像条凶龙！凶龙一过，十家九穷。”明朝的诗人郭登还写下了这样的诗句：“飞蝗蔽空日无色，野老田中泪垂血。”

蝗虫只是害虫阵营中的一员大将。据统计，我国的水稻害虫约有252种，棉花害虫约有310种，玉米害虫约有52种，果树害虫约有1000种，仓库害虫约有300多种。全世界害虫总共有6000多种。

形形色色的害虫在破坏庄稼，糟蹋人们的劳动果实。

潜伏在地下的害虫——地老虎、蝼蛄、金针虫、蛴螬等，严重破坏了庄稼的幼苗，常使缺苗率达10%。

螟虫的幼虫钻进水稻茎秆的下端，造成枯心苗、白穗，有时候会使水稻每亩减产几十斤。

棉红铃虫专门咬坏棉铃，能使棉花减产10%以上。

由于各种害虫的破坏，农业收成平均每年减少10%。在虫害严重的年头，害虫会使收成减少20%—30%，甚至50%以上！

除了肉眼看得见的敌人——害虫以外，还有成千上万种肉眼看不见的敌人——病菌，它们同样危害着庄稼。这些病菌使水稻得恶苗病，使小麦生黑穗病，使葡萄生霜霉病，使马铃薯得晚疫病……

1845年，欧洲各国普遍发生严重的马铃薯晚疫病，差不多六分之五的马铃薯枯萎了，没有收获。在欧洲，马铃薯是最主要的粮食之一。爱尔兰因为马铃薯受灾，饿死了约 20 万人——占全国人口的三十分之一。

要保护庄稼，必须除虫灭菌。在《1956 年到 1967 年全国农业发展纲要》第十五条中，确定了以下 11 种主要病虫害作为防治的重点：蝗虫、稻螟虫、黏虫、玉米螟虫、棉蚜虫、棉红蜘蛛、棉红铃虫、小麦吸浆虫、麦类黑穗病、小麦线虫病、甘薯黑斑病。除了棉红蜘蛛属于蛛形纲，其余 7 种是昆虫，2 种是病菌，1 种是线虫。

消灭害虫！消灭病菌！

2 治虫要知虫

害虫的繁殖

知己知彼，百战百胜。治虫必须先知虫，掌握了害虫的活动规律，才能有的放矢，百发百中。

就拿苍蝇作例子，从害虫的繁殖谈起。

苍蝇不会直接生小苍蝇，生下来的是一粒粒针类大小的卵：卵孵化成蛆，蛆长大了变成蛹，从蛹里钻出来的才是小苍蝇。这苍蝇叫成虫，蛆叫幼虫。昆虫——不管是害虫还是益虫，大都这样繁殖：成虫产卵，卵孵出幼虫，幼虫变蛹，蛹变成虫。只有少数不经过变蛹这个阶段。

你一定有这样的经验：苍蝇十分灵活，飞东飞西，用蝇拍捕打也吃力。蛆不会飞，爬得慢又爬不远，往往集中在粪坑里，只消撒点药，一下子就能消灭干净。

再说，成虫的抵抗力一般也比幼虫强。所以消灭害虫的幼虫，往往比消灭成虫容易。

再拿菜粉蝶来说，危害庄稼的是它的幼虫——菜青虫，常常把大白菜、卷心菜的叶子咬得像筛子似的。许多害虫的幼虫对庄稼危害比成虫大。

我们掌握了害虫的这一规律，就可以采取针对性的措施——打小，即打击的重点，是害虫的幼虫。

害虫都是多子多孙的。雌蚊子一生产卵3—7次，每次产100多个。雌苍蝇一生可产卵5—6次，每次产200—300个卵。

繁殖冠军要算是棉蚜虫了。只要气候适宜，每隔4—5天就能繁殖一代。有人曾计算过，一个雌棉蚜虫，生下的后代如果都能生存繁殖，从6月中旬到11月中旬，经过150天约可以达到6×10^{20}个！多数棉蚜虫的体长约2毫米。如果让这么多棉蚜虫一个挨着一个，排成一长队，这队伍有多长？可以绕地球赤道260亿圈！实际上这是不可能的，因为很多棉蚜虫不适应环境死掉了，还有很多被别的昆虫吃掉了。棉蚜虫的繁殖能力那么强，正是保存种族的一种能力。

害虫一般都很怕冷。它们往往每年春天开始繁殖，夏天、初秋达到繁殖高峰，到了深秋开始衰亡。当严冬来临的时候，害虫便进入冬眠，等到来年春暖花开再活跃起来。它们以各种各样的办法，藏在各种各样的地方躲避寒冬：稻螟虫是以幼虫越冬的，幼虫躲在稻根或稻草里；蝗虫是以卵越冬的，把卵产在土壤里；棉蚜虫也是以卵越冬的，把卵产在杂草丛中或果树枝条上；蚊子是以成虫越冬的，躲藏在墙洞屋角里……我们掌握了害虫的这一规律，就采取针对性的措施——打早，每年春天害虫刚一露头，立即把它消灭。春天打死一只越冬害虫，胜过秋天打死成千上万只。不但要尽可能早打，还要打得彻底——打了，漏网一只，后患无穷。

“打早，打小，打了。”这是各地农民通过实践，摸清了害虫的繁殖规律，总结出来的“战略”。

打，就是治。光是治还不行，最好“防患于未然”，采取预防措施。如苍蝇主要滋生在粪坑里，把粪坑密封起来，使苍蝇无处产卵，就可以消灭苍蝇。防虫比治虫还重要，这叫作“防重于治”。

害虫的“嘴巴”

害虫危害庄稼，主要用“嘴巴”。不同的害虫，有不同“嘴巴”。

看看蝗虫是怎样危害庄稼的：你瞧，它张开“嘴巴”，使劲地咀嚼稻叶，没一会儿，稻叶就被它咬得残缺不全。

用放大镜来观察蝗虫，你可以看清它的“嘴巴”居然也有上唇和下唇，也有舌头。那咀嚼稻叶的硬东西，是一对上颚和一对下颚。这种“嘴巴”叫作咀嚼式口器。

咀嚼式口器主要咬食固体食物，如庄稼叶子、茎、花、根、果实等。菜青虫、黏虫、稻苞虫等害虫，都长着与蝗虫类似的“嘴巴”，所以把庄稼的叶子咬得千疮百孔。有的害虫，如水稻螟虫、玉米螟虫，也长有咀嚼式口器，它们咬破庄稼的茎秆，钻进内部去蛀食。棉红铃虫、豌豆象更狡猾，钻进庄稼的果实或种子里，用咀嚼式口器进行破坏。

要消灭这类害虫，那就把药水喷在庄稼的叶子和茎秆上。它们咬食庄稼的时候，就把药也吃进去了，结果中毒而死。如果用药粉，药粉必须粗细合适：颗粒大了，不容易附着在茎叶上，害虫吃不进去，就会失去效果；药粉太细也不好，风一吹就吹跑了。

有许多害虫的“嘴巴”是另一种样子。翻开棉花叶子的反面，经常可以看到成群的棉蚜虫，它们用空心的管子刺进棉叶，吮吸里面的汁液。知了、叶跳虫、稻飞虱、椿象的“嘴巴”也是这种样子的。

这种空心管子般的“嘴巴”，实际上是由下唇延伸演变而成的，叫作刺吸式口器。

在放大镜下，你可以看见蚜虫是怎样吃东西的：它先把针一样的口器刺进叶子，然后伸缩头部的肌肉，使口腔和咽喉扩大，就把庄稼的汁液吸进去了。

要消灭这类刺吸式口器的害虫，光靠沾在庄稼茎叶面上的药水或药粉就不行了。人们对症下药，发明了一种特殊的农药，喷洒以后，会渗进庄稼体内，随着汁液流遍全身。这些害虫吸进庄稼的汁液，就会被汁液中的农药杀死。

至于苍蝇，它的下唇末端膨大成唇瓣，看上去很像舌头，专门舔食半流质的食物。长着这种“嘴巴”的害虫，可以用半流质的毒饵来诱杀它们。

除了根据害虫“嘴巴”的不同对症下药，还可以根据害虫的胃口不同，采取不同的对策。三化螟只喜欢吃水稻，就可以采用稻棉轮作的办法，在同一块土地上，今年种水稻，明年改种棉花。即使有些螟虫越冬潜伏下来，到了第二年，田里都是棉花，找不到它爱吃的水稻，就得活活饿死。豌豆象只危害豌豆，吸浆虫专门危害小麦，也是单食性害虫，都可以用轮种的方法防治。

也有的害虫不挑食，什么都吃。例如地老虎，大豆、棉花、麦类、蔬菜、杂粮，以至牧草，都可能受它的危害。这种杂食性害虫，就要采取别的措施来防治。

害虫的“鼻子”

害虫不仅有“嘴巴”，还有“鼻子”，能够辨别多种气味。苍蝇闻到粪臭、鱼腥味，就成群飞来；蚊子闻到人的汗酸气味，便飞过来叮咬。

有这么个传说：秦朝亡了以后，汉楚相争，刘邦节节胜利，项羽步步败退，一直退到乌江。

他看见大路上无数蚂蚁聚成“霸王自刎乌江”六个大字，吓得丧魂落魄，以为蚂蚁是代表“天意”，于是拔剑自杀。其实，这是刘邦的军师张良想出来的攻心计。他料定项羽必定退到乌江，事先派人在江边用蜜糖写了这六个大字。蚂蚁闻到蜜糖的气味，便成群结队聚拢来了。

蚂蚁的“鼻子”的确灵敏。不过昆虫的“鼻子”跟人的鼻子不大一样，它们是用触角来闻气味的。

昆虫的触角是各式各样的。蟋蟀、蝗虫的头上，有两根细长的“胡子”，那就是触角。苍蝇的触角，有点像多芒的麦穗；雄蚊的触角，像长满针叶的松枝；白蚂蚁的触角，像一节节钢鞭；金龟子的触角，像一束香蕉。

触角为什么能闻到气味呢？原来，昆虫的触角上有许多辨别气味的嗅觉器。雄蜜蜂的触角上，有 3 万多个嗅觉器；雄金龟子的触角上，有 4 万多个嗅觉器。嗅觉器这么多，辨别气味当然比人的鼻子灵敏多了。有人把雌的天蚕装在笼子里，几千米以外的雄蛾居然能闻到它的气味，飞到笼子边上来。

米蛾闻到大米的气味，钻进米囤里产卵，孵出来的米蛀虫专吃大米。菜粉蝶闻到白菜、萝卜等十字花科植物发出来的特有气味——芥子油气味，飞到这些蔬菜上产卵，孵出的青虫专吃菜叶。如果用剪刀剪去触角，或者在触角上涂了油漆，它们就像患了感冒，闻不出气味来了。

苍蝇逐臭，蜜蜂逐香，这叫趋化性。也有的昆虫闻到某种气味就立即躲开，这叫趋避性。

人擦了驱蚊油，蚊子闻到了气味马上就远远躲开。在箱子里放了樟脑丸，那蛀食衣服的衣鱼闻到樟脑气味，也赶快溜之大吉。

利用害虫的趋化性，可以投其所好，诱而杀之；利用害虫的趋避性，可以制成各种驱虫剂，来驱逐害虫。

有些昆虫的触角还起着“耳朵”的作用哩！例如雄蚊，居然能凭触角“听”见雌蚊发出的声音，找到雌蚊。

害虫的眼睛

昆虫的眼睛长得跟人的眼睛不一样。

蜻蜓头上那对大灯笼是一对大眼睛，红头苍蝇的红头也是一对大眼睛。这对眼睛叫作复眼，并不是两只眼睛，而是由许许多多小眼睛组成的。苍蝇的每只复眼是4000多只小眼睛，蜻蜓的每只复眼是1万多只小眼睛。

复眼是什么样子呢？在显微镜下，你可以看到复眼很像蜂窝，也像一只只六角螺丝帽紧紧地排列在一起，每只螺丝帽就是一只小眼睛。通过一只小眼睛，只能看到一个光点。许许多多小眼睛组成的复眼，把许许多多光点拼凑在一起，昆虫就能看到物体的形象了。

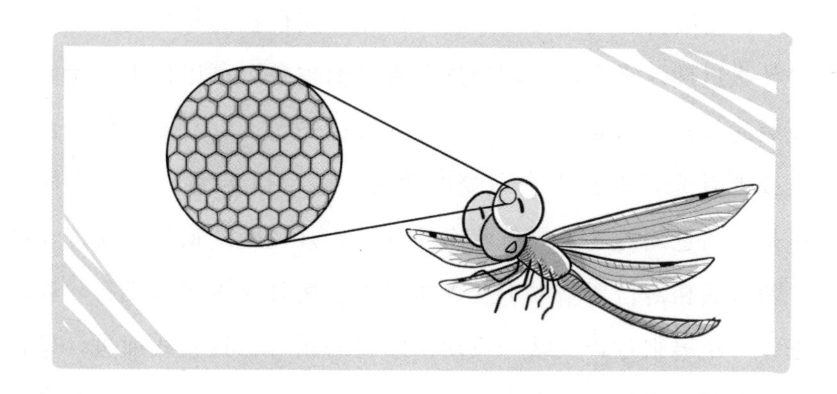

蜻蜓的复眼是上万只小眼睛，有的蜻蜓的复眼，甚至是 28000 只小眼睛，所以蜻蜓的视觉非常敏锐。它在空中疾飞，一看到蚊子就以“迅雷不及掩耳”之势将其逮住。至于蝶类，它们的复眼大约由 15000 只小眼睛组成，视觉也很敏锐。

昆虫的复眼形状各有不同：苍蝇和蜻蜓的复眼是椭圆形的，蝶类的复眼是球形的，天牛的复眼是腰子形的。

昆虫眼睛对光线的感觉也与人不同。人看不见紫外线，而蜜蜂、蚂蚁和许多蛾类却能感觉到。蚂蚁、萤火虫能看见人眼看不见的红外线。也有些昆虫是色盲，不能区别某些颜色：蜜蜂不能区别红色和绿色，金龟子不能区分绿色的深浅，荨麻蛱蝶分不清绿色和黄绿色。

有的昆虫昼出夜伏，也有的昼伏夜出。这两类不同习性的昆虫，复眼的构造也不同。

有的昆虫除了复眼，还长着单眼。蝗虫头部除了一对复眼，还长着三只单眼。其单眼的视力比复眼要差得多，一般只能看见距离很近的物体。

许多夜间活动的害虫不仅能敏锐地感知光线，而且一旦看见光亮，便喜欢飞近它。这种习性叫作趋光性。针对这些害虫趋光的特性，我们就可以设置灯光诱杀它们。

为什么飞蛾会趋光扑火、自取灭亡呢？在很长的年代里，人们弄不清楚是什么道理。现在，我们对这个奇怪的现象，可以作出科学的解释了：飞蛾通常根据日光或者月光来引导自己飞行。它只要和射到眼睛来的日光或者月光，保持一个不变的角度，就可以沿着一条直线向前飞行。可是，当它用灯光来导航就出问题了。月亮距离遥远，无论飞蛾怎么飞，两者的相对位置基本不变，所以飞蛾按月光做等角飞行，就能直线前进。灯距离很近，飞蛾一飞动，两者的相对位置直线前进，所以飞蛾按灯光做等角飞行，飞出来的就不是一条直线，而是一条不断弯向灯的等角螺线了。

飞蛾错把灯光当月光，以为自己正在飞行，结果离火越来越近，最后投火身亡了。

害虫的皮肤

人的肌肉长在骨骼外面，是肉包骨。昆虫呢？却是骨骼长在肌肉外面，是骨包肉。认真地讲，昆虫的骨骼不过是硬化了的皮肤。

在害虫中，要算天牛、金龟子之类的外壳最硬了，被称为硬壳虫。而棉红铃虫、菜青虫之类的害虫，皮肤比硬壳虫柔软得多，浑身上下，好像没有骨骼。

不论是天牛、金龟子，还是棉红铃虫、菜青虫，它们的皮肤表面都有一层蜡质。可不是吗？刚刚下过雨，庄稼的叶子还是水淋淋的，你仔细看看那些害虫，身上却没有一颗水珠。这层蜡质可以使害虫不被雨淋湿，更重要的是可以防止其体内水分蒸发。那一丁点儿大的蚜虫，如果皮肤上没有这层蜡质，在烈日下只消几分钟就晒成蚜虫干了。

研究害虫的皮肤特性，与防治害虫的关系非常密切。很多农药都是喷洒在害虫的皮肤上的。硬壳虫不仅有厚厚的盔甲，盔甲上还有一层厚厚的蜡质，喷洒农药几乎很难杀死它们。松树的害虫松毛虫，皮肤表面的蜡质倒不特别厚，可是它长着浓密的刚毛。对它喷撒干的药粉效果也不大，因为几乎全被刚毛挡住了。

正因为这样，人们常常用煤油或柴油配制农药。煤油和柴油能溶解害虫皮肤表面的蜡质，使农药较快地渗入害虫体内，提高药效。肥皂水也能溶解蜡质，也可以用来配制农药。但有的农药在碱性的水里会因分解而失效，那就不能用肥皂水。

再说，硬壳虫也并非全身都是硬壳。硬壳虫一般都有一对很薄的翅膀，这也是薄弱环节。药液可以渗入翅膀的血管中，流到害虫的全身。

松毛虫全身毛茸茸的，人们就不用干药粉，而把农药溶解在煤油中喷洒，同样可以消灭它们。

就害虫的一生来说，幼虫的皮肤一般比成虫的嫩些，薄些，抵抗力也弱些。例如，毒死一条脱过四次皮肤的松毛虫所用的六六六①，要比毒死一条才孵化出来的松毛虫多四五十倍。所以“打早、打小”，效果比较好。害虫刚刚脱掉一层皮的时候，皮肤又嫩又薄，更是喷洒农药的好时机。

害虫的呼吸

人的呼吸器官是由鼻子、气管和肺等组成的；昆虫的呼吸器官却只有

---

① 编者注：六六六属于有机氯农药，20 世纪五六十年代在全世界广泛生产和使用，也曾是我国产量和用量最大的农药。但由于其毒性大，不易降解，危害人体健康，我国已于 20 世纪 80 年代全面禁止生产和使用。

气管，气管进出气的口子，叫作气门。

人的鼻孔长在头部，昆虫的气门有的长在胸部，有的长在腹部。人的鼻孔只有两个，昆虫的气门可以多至十对。人的鼻子是突出的，昆虫的气门却是略微凹下去的小孔。

人的鼻孔中有许多鼻毛，昆虫的气门里也长着一些绒毛或突起的表皮，同样起过滤空气的作用，防止尘土进入，或者半开半闭，调节进出气体的多少。

蝗虫的十对气门，两对长在胸部，八对长在腹部。蚊子的蛹虽然也有十对气门，但只有胸部的第一对气门是开放的，所以它只有把胸部露出水面才能呼吸。孑孓——蚊子的幼虫正好相反，只有腹部最后一对气门是开放的，所以它只有把尾端露出水面才能呼吸。也有许多水生昆虫的气门是全部封闭的，或者干脆没有气门，靠鳃或皮肤进行呼吸。

人们研究了害虫的呼吸器官，就又找到了消灭害虫的门路：将杀虫药变成气体，混在空气中，通过害虫的气门进入害虫体内，岂不是也能够杀死害虫吗？于是，人们专门制成了一类能够蒸发成气体的农药。

蛀食粮食的害虫混在粮堆里，很难消灭。人们为了对付它们，制成了一种液体农药——氯化苦。这种农药受了热很易挥发成气体，就钻进害虫体内把害虫毒死。

不过同样用氯化苦，往往夏天杀虫效果好。这是怎么回事呢？人们经过仔细研究才弄清楚：原来气温高的时候，不仅药液挥发较快，害虫的呼吸也更加旺盛。于是人们抓住夏天、秋天气温高的有利时机熏蒸害虫。特别是把粮食晒了一天刚收入仓内时，这时候趁热熏蒸，杀虫的效果最好。

人们还发现，空气中二氧化碳较多的时候，害虫因为缺少氧气，就大开气门加强呼吸。人们于是把粮仓密闭起来，由于粮食也在呼气，仓内的二氧化碳就越来越多。人们就抓紧这样的有利时机熏蒸，给害虫以致命的打击。这就是“要想治虫治得好，用药就要用得巧”。

害虫与环境

害虫生活在大自然中，它的生长和繁殖，跟周围的环境息息相关。在适宜的环境中，害虫逐渐成长，大量繁殖，严重地危害庄稼。如果我们掌握害虫活动的规律，改变环境，使环境不利于害虫的生长和繁殖，就能控制消灭害虫，保护庄稼。

环境是由许多条件和因素构成的。对害虫影响最大的因素，要算是温度了。

可不是吗？害虫最多的季节是夏天，最少的季节是冬天，因为夏天热，冬天冷。一般来说，昆虫在15℃以上才开始活动，26℃左右最适合它们生长繁殖，到了48℃至52℃就趋于死亡。越冬的棉红铃虫，在－15℃会被冻死。它的幼虫刚孵出来，在48℃，只要20分钟就会被热死。

为什么害虫对温度特别敏感，要求特别严格呢？这是因为它们的体温是随着环境温度的变化而变化的。周围环境温度升高，害虫的体温也随着升高；周围环境的温度降低，害虫的体温也随着降低。据测定，在温度适宜的范围内，害虫的体温上升10℃，发育速度增加一倍。当然，温度过高又会使害虫发育停止，以至昏迷，直到死亡。例如菜青虫，在28℃，它就停止发育。

人们把仓库里的稻谷搬出来，在日光下暴晒，就有提高温度杀死害虫的作用；稻谷晒干了，也可以抑制害虫繁殖。我国北方，在滴水成冰的严冬打开粮仓，把粮食搬出来摊平在地上，那是用降低温度的办法来冻死害虫。

“瑞雪兆丰年。”因为降雪不但增加了土壤中的水分，还会冻死一部分越冬的害虫，使来年害虫减少。采用温汤浸种，可杀死躲藏在种子中的一些害虫，如蚕豆象、豌豆象、棉红铃虫等。

害虫的生长还和湿度有很大关系。大多数害虫喜欢潮湿，也有的害虫喜欢干燥。掌握了害虫与湿度的关系，就可以更加主动地同害虫展开斗争。五六月间如果干旱，就应该注意防治棉蚜虫；八九月间如果阴雨绵绵，就应该注意防治棉红铃虫。

害虫的活动与光照的关系也很密切。地老虎在夜里活动，绝大多数害虫的成虫——蛾，也喜欢在夜里活动。因此，人们在夜里用灯光或糖醋诱杀它们。

害虫在大自然中，常常有许多天然的死敌，也就是天敌。大红瓢虫是危害柑橘的吹绵蚧壳虫的天敌。在大红瓢虫比较多的柑橘树上，吹绵蚧壳虫就不大看得见。害虫的天敌是人类的朋友。现在，人们常常用人工繁殖的办法，大量培养某种害虫的天敌，用来消灭某种害虫，如用赤眼蜂治水稻三化螟，用金小蜂治棉红铃虫，用七星瓢虫治棉蚜虫。

害虫的活动还受到人类活动的影响。庄稼收割以后，许多害虫躲在杂草中越冬，到了第二年再大量繁殖。有的地方十分重视除草工作，田里几乎没有一根杂草，这就使一些害虫失去了越冬的条件。

地区之间和国家之间交换种子、苗木、农产品，经常使某些地方出现一些当地从未见过的病虫害，这些害虫和病菌就是从别处运来的。为了防止害虫和病菌的传播，我国各地已经建立起植物检疫网，凡是夹带着害虫或病菌的种子、苗木、农产品，都不准调进或运出。

认识世界是为了改造世界。治虫必须知虫，知虫为了治虫。人们正是从认识害虫入手，掌握了害虫的活动规律，进而征服害虫，消灭害虫。

3 以药治虫①

农药小史

我国是世界上最早使用农药的国家，也是使用农药种类最多的国家。据记载，我国大约在3000年前，已经用草木灰来灭虫了；大约在1800年前，已经采用砒霜、藜芦、汞剂②来杀死果园里的害虫；1500年前，又知道了用硫黄和铜的化合物来灭虫。明朝李时珍著的《本草纲目》中，便记载了几百种除虫的药物。

古代所用的农药是无机农药和植物性农药。无机农药是一些无机化合物，如硫黄、硫酸铜（胆矾）、三氧化二砷（砒霜）等。植物性农药是用一些植物做成的农药，如烟草水、除虫菊、鱼藤等。不过有机农药后来居上，现在使用的农药，90％以上的是有机农药。

什么是有机农药呢？有机农药就是能够杀虫灭菌的碳化合物。在化学

---

① 编者注：本书成书年代较早，书中讲述的滴滴涕、六六六、艾氏剂、1605等农药现已被禁止生产、销售和使用。

② 当时古人不知砒霜、汞剂对人体有毒。

上，把含碳的化合物，除了一氧化碳、二氧化碳、碳酸盐等少数几种，统称为有机化合物。

有机农药是20世纪由于化学工业的发展而诞生的，第一种得到普遍推广的是滴滴涕。

滴滴涕是一种含氯的有机化合物。1930年，有人拿滴滴涕试验，用来消灭羊毛织物中的蛀虫，效果不错。1940年，瑞士的马铃薯甲虫非常猖獗，眼看收成将要化为泡影，有人想起了滴滴涕。用它来试了一试，果然旗开得胜，一下子把马铃薯甲虫打得落花流水。1944年，意大利那不勒斯市发生了流行性斑疹伤寒。人们试用滴滴涕来消灭这种病菌的传播者——跳蚤。滴滴涕再战告捷，使全城人脱离了死亡的威胁。就这样，滴滴涕成了最先得到广泛应用的有机农药。

不久，人们又制成了另一种含氯有机农药——六六六。人们继续研究各种新的含氯有机化合物，又试制成了一系列新农药：艾氏剂、狄氏剂、氯丹、毒杀芬、七氯等。

第二次世界大战后，人们发现含磷的有机化合物也有强烈的杀虫作用，效果甚至比含氯的有机农药还好，于是又接连试制成了一系列含磷的新农药——敌百虫、敌敌畏、1605、1059、乐果、多灭磷、马拉松、稻瘟净、杀螟松等。这些含磷的农药，有的也含氯。此外，人们还试制了各种含氮、含氟、含硫、含砷的有机农药。

大批新农药的制成，大大增强了人们征服害虫和病菌的本领。过去用几千克、几十千克的农药，还不能把一亩地里的害虫全部扑灭，现在用一千克农药，便足以消灭几亩、几十亩以至上百亩地里的害虫。

“高效”（杀虫、杀菌效率高）、“低毒”（对人、畜的毒性低）、“低残毒”（农药残留在植物体中的毒性低）的新农药，发展特别迅速，有力支援了农业生产。

石油和煤的“孙子”

有机农药是用什么东西做成的呢？如果要排排辈分的话，可以这么说：有机农药是石油和煤的“孙子”。

这话怎么说呢？

原来，石油和煤是制造有机农药最主要的原料：拿煤来说，100吨煤经过炼焦，除了得到77吨焦炭，还可以得到许多重要的有机原料——苯，还有苯酚、萘、甲苯等。再拿石油来说，除了提取出大量的汽油、煤油、柴油，还产生了许多炼油气。这些可以燃烧的气体，过去当作废物白白地烧掉，如今人们变废为宝，把它制成有机化工产品：苯、萘、乙炔、乙烯等。有机农药是以苯、甲苯、苯酚、乙炔、乙烯等为基本原料制成的。

如果说石油和煤是“爷爷”一辈，那么苯和甲苯等是“父亲”一辈，而有机农药就是“孙子”一辈了。

大力发展农药工业，尽快增加高效、低毒、低残毒的新农药的品种和产量，是实现农业现代化的一个重要方面。

从害虫的“嘴巴”闯入

人们用喷雾器和喷粉器，把农药喷洒到田野上。

喷雾器喷出来的是农药溶液的细雾，喷粉器喷出来的是农药的细粉。它们均匀地落在庄稼、土壤和害虫身上，分三路向害虫进攻。

第一路是从害虫的“嘴巴”中闯进去。害虫吃了喷有农药的叶子、果实，就会中毒而死。这类农药叫作胃毒剂，如六六六、滴滴涕、敌百虫、砷酸钙等。

胃毒剂农药杀虫，是药从口入。它杀虫的效果好不好，与能不能从害虫的“嘴巴”闯进去有很大关系。

蝗虫、黏虫、地老虎、棉铃虫等，这类害虫具有咀嚼式口器，用嘴咬嚼庄稼。把农药配成溶液喷在庄稼上，害虫吃庄稼的时候就把农药吞进胃里去了。如果喷粉，就要注意农药的粉末起码应该比害虫的“嘴巴”小。

对于那些不是用“嘴巴”咀嚼庄稼，而是用刺吸式口器吮吸庄稼汁液的害虫，用一般的胃毒剂就不行了。

人们把鱼藤晒干后磨成细粉，混在冷肥皂水中防治棉蚜虫，效果不错。奇怪的是，只把鱼藤粉喷在棉株下部的叶子上，上部的叶子没有喷鱼藤粉，叶面上的棉蚜虫也死掉了！

这是怎么回事呢？人们经过仔细研究，终于揭开了其中的奥秘。原来，鱼藤粉会被棉叶吸收，随着棉株内部汁液流到其他部分。正如给人打针一样，药液会随着血液流遍全身。因此，棉蚜虫即使在没有喷着药的棉叶上刺吸汁液，也会中毒死去。

不久，人们又发现：生长在含有硒的土壤中的棉花，几乎不受棉蚜虫的危害。后来查明，硒的化合物具有一定的杀虫作用，并且会被棉株的根吸收，传遍全身。

这种现象给人们一种启示：如果制成一种能被庄稼吸收而又对庄稼害处不大的农药，不仅能有效地防治刺吸式口器的害虫，而且也能有效地防治咀嚼式口器的害虫。一株庄稼喷了这种农药，不论害虫刺吸或者咀嚼它的哪个部分，都会中毒死去。

1947 年，人们终于制成第一种具有这种性能的有机农药——1059。这类农药叫作内吸杀虫剂。后来，人们制成了一系列内吸杀虫剂，如 3911、磷胺、倍硫磷、乐果，以及内吸杀菌剂——多菌灵、敌锈钠等。

从害虫的皮肤闯入

第二路是从害虫的皮肤闯进去。害虫沾染上农药，农药就透过皮肤，渗进血液、体腔，破坏害虫的神经系统和内部组织，害虫就会中毒死亡。这些农药叫作触杀剂，如1605、敌敌畏、马拉松、乐果等。有的农药既是胃毒剂，又是触杀剂，能同时两路进攻，如六六六、滴滴涕等。

触杀剂农药杀虫，是药从皮入。它杀虫的效果好不好，与能不能闯进害虫的皮肤很有关系。

害虫的皮肤并非铁板一块，有不少薄弱环节。据研究，触杀剂农药从害虫头部，比从腹部侵入容易。人们曾用黄粉虫做实验：把农药滴在它的头部，毒效比滴在腹部高一倍。

在害虫的头部，触角和“嘴巴”又是最薄弱的环节。人们曾观察到，蝗虫的触角碰上了触杀剂农药，它甚至会把触角咬断以求得生存。人们还做过这样的实验：在苍蝇的胸部，滴上一丁点儿滴滴涕，死亡率为40%；在苍蝇的“嘴巴”——口器上滴了等量的滴滴涕（不使它吞入），死亡率却高达100%。

蝴蝶的翅膀也是薄弱环节：翅膀很大，很容易沾上农药；翅膀上表皮很薄，农药容易侵入，随血液流至全身。

人们曾仔细观察过蝗虫被六六六杀死的过程：先是腹部抬起，不时用后足摩擦腹部，好像很兴奋。接着，烦躁不安，稍有风吹草动，立即要飞起来，可是只能乱折腾，因为神经开始麻痹，失去了方向，失去了平衡。最后跌倒在地，侧卧或者翻身向上，口器及前后足开始颤抖，腹部向后伸出，偶尔颤抖一下，直到死亡。

夏天，你常点蚊香。蚊香杀虫主要靠除虫菊，除虫菊也是触杀剂。人们曾仔细观察蚊子接触蚊香后中毒的过程：先是背部抬起，头左右不停摇摆，“嘴巴”——吸管不时呕吐出食物。过了大约五分钟，翻身向上，全身抽搐，腹部时伸时缩，背部和腹部肌肉轮流收缩，甚至使直肠伸到肛门外边。大约再过四个小时，就全身松弛不动，只偶尔抽搐一下，这种情况可维持五天之久。最后一动不动，但是心脏仍在极其微弱地跳动，直至死去。我们点了蚊香，看到蚊子从空中摔下来，一动不动地躺着，你以为它死了，其实它的心脏还要继续跳动好几天。

从害虫的“鼻孔”闯入

第三条路是从害虫的“鼻孔”——气门闯入。害虫吸进农药的细雾或者蒸气便中毒了。

这些农药叫“熏蒸剂”，如氢氰酸、氯化苦、溴甲烷、二氧化硫、萘、磷化铝、硫黄等。熏蒸剂农药杀虫，是药从“鼻”入。它杀虫的效果好不好，与能不能从害虫的“鼻孔”中闯进去很有关系。

收藏衣服的时候，我们总是在箱子或柜子里放几粒樟脑丸。樟脑丸也可以算是一种熏蒸剂，它能不断升华成气体，扩散到整个箱子或柜子，从衣鱼的“鼻孔”闯进去。不过，樟脑丸主要起的是驱虫作用。现在市场上卖的卫生球不是用樟脑做的，而是用萘做的，驱虫的作用和樟脑相仿。

农业上，熏蒸剂主要用来防治仓库里的害虫。大谷盗、谷象、米象、蚕豆象、豌豆象这些害虫，专门躲藏在仓库里，破坏人们的劳动果实——大米、麦子、面粉、蚕豆、豌豆。人们消灭这些仓库害虫，采用关门打狗的办法：先把仓库密闭起来，然后放入熏蒸剂。熏蒸剂在粮堆里慢慢散开来，从害虫的“鼻孔”中闯进去，杀死害虫。一般密闭 3—4 天，杀虫效率高达 95%以上。

熏蒸剂的杀虫效果，跟害虫的呼吸情况很有关系。米象每分钟的呼吸次数比谷象多，它就比谷象容易被熏蒸剂杀死。同一种害虫的不同发育阶段，呼吸次数和强度也不一样，呼吸最快最强的是成虫，其次是幼虫，再其次是蛹，而卵的呼吸最慢最弱。因此，成虫最易被熏蒸剂杀死，卵最难被熏蒸剂杀死。有一种叫作粉螨的仓库害虫，据实验，用氯化苦熏蒸，它的成虫只需 8 分钟就毒死了，而它的卵要经过 25 个昼夜才被杀死。

另外，熏蒸剂的杀虫效果跟粮食的情况有关系。比如，麦粒中的害虫比较容易杀死，面粉中的害虫就不易杀死。这是为什么呢？原来，面粉会吸收农药。据实验，消灭面粉中的害虫所需农药的用量，要比消灭麦粒中的害虫所需的多 8 倍。

熏蒸剂使用方便，杀虫效果好，是消灭仓库害虫的有力武器。有的熏蒸剂撒入土壤，也可以消灭一些土壤中的病菌和害虫。

对症下药

病有千百种，药也有千百种。什么病用什么药治，要根据病情来处方。对症下药，方能药到病除。

害虫有千百种，农药也有千百种。什么害虫用什么农药治，也要根据虫情和苗情灵活应用，方能起到防虫治虫的作用。

有的农药能消灭许多害虫，叫作广谱杀虫药，就拿敌百虫来说，它能防治的害虫远远超过100种。用敌百虫可以防治粮食、棉花、果树、桑树、茶树和蔬菜害虫，也可以用来防治蚊子、苍蝇、臭虫、蟑螂、跳蚤，还可以消灭猪蛔虫等家畜寄生虫。它最拿手的是消灭菜青虫、棉铃虫、黏虫、小地老虎等咀嚼式口器的害虫，杀虫率高达95%以上。

事物总是相对的。敌百虫比起有的农药来，杀虫的范围虽然广一些，但并不是万能杀虫剂。

用敌百虫防治蚜虫、红蜘蛛、叶蝉、稻飞虱，效果就很差。因为敌百虫有胃毒作用，也有触杀作用，但是触杀作用比较弱。它不能被植物吸收，对于刺吸式口器的蚜虫、红蜘蛛之类，它几乎无能为力。

1605和1059的杀敌范围比敌百虫还广，而且杀虫效率高，只消一丁点儿，就足以使害虫致命。这两种厉害的农药通常要用水冲稀几千倍使用。这是它们的优点——剧毒，也是它们的弱点。一滴1605原液溅入人的眼睛，会立即使人昏迷，以至于中毒死去。

因此，1605和1059的贮存、保管和使用，必须按规定要求严格执行；并且通常只用于棉花等庄稼，对蔬菜和即将收获的水果、粮食之类，严禁使用。①

也有一些农药，杀虫除菌范围虽然不广，但是对某种害虫有特殊的作用，往往能药到病除。

对于这类农药，用的时候要更注意对症下药。比如新农药灭蚜松，是防治各种蚜虫的特效药，而对别的害虫几乎没有什么用。防治病菌的农药，这种特性更加显著，如稻瘟净专门防治稻瘟病，稻脚青专治水稻纹枯病。

在消灭害虫的战斗中，除了要对症下药之外，关于农药的浓度、药量，喷洒的方法、时间等，也很有讲究。用1059治棉蚜虫，夏天气温高，杀虫效果好，可以用水稀释3000—4000倍；到了秋天，气温降低了，只能兑水稀释1500—2000倍。用25%的滴滴涕防治棉红铃虫，一般兑水稀释200—

① 编者注：1605和1059现已被禁用。

250倍。棉花还处于花蕾期，棉株个子小，每亩用75千克左右稀释后的药液就够了；到了结铃期，棉株长高了，每亩要用100千克以上稀释后的药液。另外，不同的农药，稀释的倍数也不同。这是因为农药的有效浓度各有不同，太稀了就杀不死害虫。

所以，治什么虫，用什么药，不仅要掌握农药的性能，还要摸清害虫、庄稼和环境条件等多方面的情况，才能用药准确，用量恰当，真正做到对症下药，药到虫除。

改进战略战术

事物都是一分为二的。化学农药有许多优点，但是也有不足之处。

曾经发生一件怪事：在上海农药厂六六六车间，竟然发现有蚊子在那里飞来飞去！乍一看来，这简直是咄咄怪事，蚊子居然敢到六六六车间来，岂不是“太岁头上动土”！

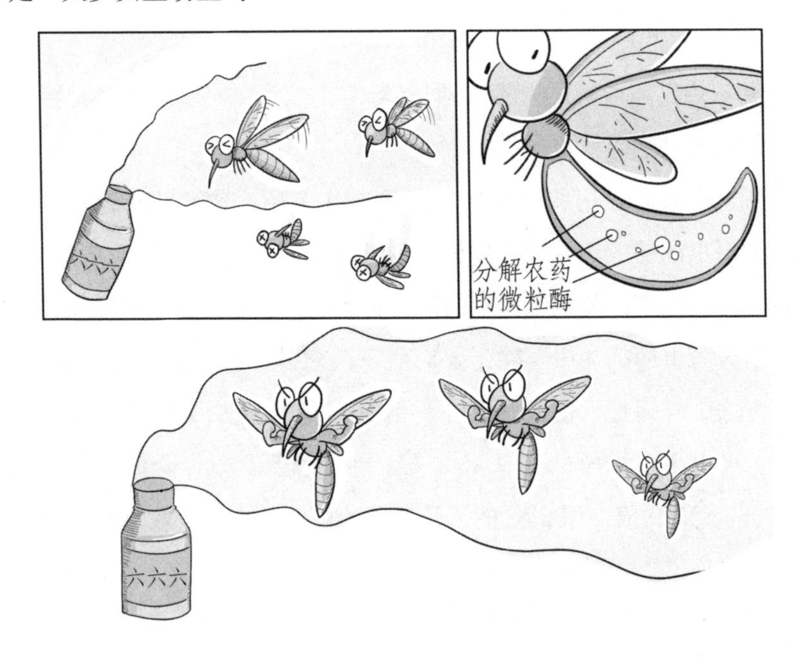

其实，说怪也不怪，这是生物淘汰和选择的结果。六六六固然能杀死蚊子，但是并不能杀死所有的蚊子，有的蚊子中了毒并没有死去。这些生存下来的蚊子彼此交配，生下的一代，对六六六就具有很强的抵抗能力。这样一代一代地选择和淘汰，结果便形成了一些对六六六抵抗能力很强的蚊子。蚊子在六六六车间飞来飞去，说明害虫对化学农药会产生抗药性。

抗药性究竟是怎么回事呢？人们经过仔细研究，才弄清楚是因为害虫体内产生了一种微粒酶，它能分解农药，使农药失去效力。

在农业生产中，人们也发现有些害虫能产生抗药性，甚至同时对几种农药产生抗药性。据湖北省的经验，头几年把 0.5 千克 1605 乳油兑水 2000— 3000 千克进行喷洒，可杀死 90%以上的棉红蜘蛛；后来 0.5 千克 1605 乳油只兑水 250 千克，浓度增加了 10—12 倍，效果反而不如前几年，杀死的棉红蜘蛛只有 60%左右。此外，菜粉蝶、苹果食心虫、棉铃虫等，也会对滴滴涕产生抗药性。据报道，世界上发现会产生抗药性的害虫，在 1958 年还只有 20 多种，20 世纪 70 年代已经达 300 多种，而且大多是比较常见的害虫。

为了对付那些产生抗药性的害虫，人们采取轮流使用不同品种农药的方法。过去用六六六防治水稻螟虫，结果螟虫对六六六产生了抗药性：这几年改用 1605 或杀螟松治螟虫，就把螟虫治下去了。在棉红蜘蛛对 1059 已产生抗药性的棉田里，改用敌敌畏或杀虫脒防治，就能把它消灭。

人们还采取混合使用农药的方法，来对付害虫的抗药性。例如把滴滴涕和 1605 混合使用，把敌百虫和 1605 混合使用。害虫即使对其中的一种农药产生了抗药性，也会被另一种农药杀死。

化学农药的另一个缺点，是对害虫、益虫“格杀勿论”，不能区别对待。人们曾用滴滴涕防治棉铃虫，棉铃虫虽然少了，棉蚜虫却大量繁殖起来。这是为什么呢？原来滴滴涕把棉蚜虫的天敌——草蜻蛉和瓢虫杀死了。蚜虫是刺吸式口器害虫，滴滴涕对它作用不大；它的繁殖能力又非常强，所以越来越猖獗。后来人们改用内吸剂 1059 来治蚜虫，使草蜻蛉和瓢虫不至于直接中毒。但是它们吃了中毒的蚜虫还是会间接中毒，死亡率仍达 70%以上。

化学农药还有一个不足之处，就是多数化学农药对人畜有毒。我国有关部门规定：以体重为 50 千克的人为标准，一次口服某种农药少于 3 克就会致死，这种农药就属于剧毒农药；一次口服 3 克至 30 克才致死的，叫有毒农药；一次口服 30 克至 300 克致死的，叫微毒农药。1605、1059、赛力散等，属于剧毒农药；敌百虫、乐果、滴滴涕等，属于有毒农药；六六六、敌稗等，属于微毒农药；代森锌、克菌丹等，毒性极微，可算作无毒农药。这种判断农药毒性的实验，当然不是用人去做的，而是让小白鼠来口服，然后根据小白鼠的体重，推算出 50 千克重的人可能致死的剂量。①

不过，光看农药毒性的大小还不够。有的农药，如六六六、滴滴涕等，对人的毒性虽然不是很大，但是喷洒在蔬菜和粮食作物上，会渗进庄稼表面的蜡质中，不易洗去。这类农药又不易分解，进入人体后会逐渐积累在脂肪组织中，使人慢性中毒。1605、1059 等虽然是剧毒农药，但是药效不长，容易分解。从这个角度来看，它们的残留毒性比六六六、滴滴涕低。这也就是说，判断一种农药的毒性，还必须考虑它残留期的长短和残留的多少。

为了防止和消除使用化学农药引起的公害，科学家正在努力试制高效、

---

① 编者注：本书成书于 20 世纪 70 年代，此标准与现行标准有出入。口服毒性测试存在一定争议。

低毒、低残毒的新农药。近年来制成的杀螟松，对稻螟虫、稻飞虱的毒杀力很强，对人畜的毒性只有 1605 的 2%—3%。新农药特灭屯、福灭松等，对蚜虫、叶螨的毒杀率很高，对人畜也很安全。这些高效、低毒、低残毒的新化学农药，已逐渐代替六六六、滴滴涕之类残毒期长的农药和 1605、1509 等剧毒农药。

因为化学农药有这种种缺点，人们还创造了许多治虫的新方法，尽可能少用化学农药。

4 以虫治虫

从“螳螂捕蝉”说起

汉朝刘向所著的《说苑》中，有个“螳螂捕蝉”的故事，说明我们的祖先在2000多年前，就发现了虫吃虫的现象。

蝉是害虫。螳螂捕蝉，就是益虫捕食害虫。

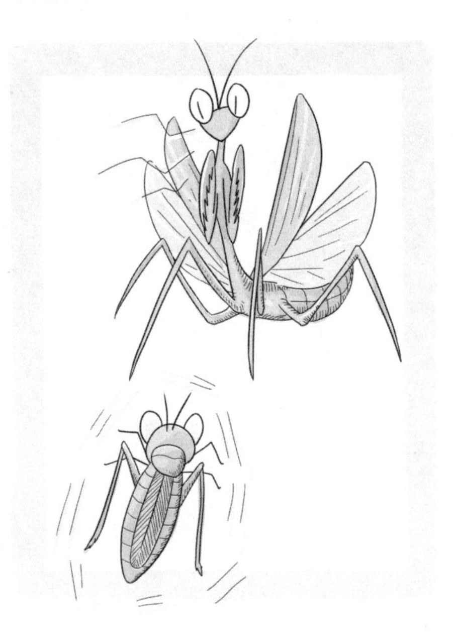

螳螂不光捕食蝉，还捕食蝗虫、苍蝇、蝴蝶、蚱蜢等害虫。著名的法国昆虫学家法布尔在他写的《昆虫记》里，曾这样描述过螳螂捕食蝗虫的过程：“螳螂一看到灰色大蝗虫，忽然摆出可怕的姿势，张开翅膀，斜斜伸向两侧，后翅直立，形如船帆，身体的上端弯曲，像一条曲柄，并且

发出像毒蛇喷气的声音。全身重量都放在后面四只足上，身体的前部完全竖起来，一动不动地站着，眼睛盯住了蝗虫。蝗虫稍稍移动，螳螂即转动它的头。这种举动的目的很明显，是要将恐惧心理纳入牺牲者的心窝深处，在未攻击以前，就使它因恐惧而瘫痪。果然，蝗虫丝毫不动地窥视着，虽然它原是昆虫世界中跳高跳远冠军，到那时竟想不起逃走，只是傻愣愣地伏着，甚至莫名其妙地向前移动，螳螂到可以够得着的时候，就用两爪重击，两条锯子重重地压下来。这时蝗虫再抵抗也无用了，终于成了螳螂的猎物。”

在我国古代，人们还发现了蜾蠃和螟蛉之间的微妙关系。

蜾蠃是一种细腰蜂，模样儿像蜜蜂，身子比蜜蜂小得多，浑身黑色。螟蛉是一种害虫。每年七月间，螟蛉蛾在苜蓿、烟叶、大豆、亚麻等庄稼上产卵，孵出幼虫——螟蛉。螟蛉浑身淡绿色，夹杂着黄色黑色的斑点，靠吃庄稼的叶子长大。

蜾蠃的巢常常筑在树上，是用泥土筑成的，样子像个小瓶子。

蜾蠃是螟蛉的天敌。蜾蠃在飞行中看到叶子上有螟蛉，就俯冲下来，像老鹰抓小鸡似的把它抓住，带回去放在泥巢中，然后在巢里产卵。卵孵化出来的幼虫就以螟蛉为食物，吃着它长大，一直变成蛹。最后，蛹变成蜾蠃，从巢里飞出来。

古代的人观察不够仔细，以为从泥巢里飞出来的小蜾蠃是螟蛉变成的，于是出现了这样的传说：蜾蠃把螟蛉收为义子，教养成跟自己一个模样。在我国最古老的诗歌集《诗经》中就有“螟蛉有子，蜾蠃负之”的记载。人们还把收养的义子，称为“螟蛉之子”。

直到公元502年，梁朝的医药家陶弘景在写《名医别录》的时候，才第一次揭露了蜾蠃把螟蛉捉去给幼虫当作食物的真相。到了清朝，王夫之又进一步指出：蜾蠃捕捉螟蛉，和蜜蜂采花蜜喂养后代一样。动物刚生下来一定要靠母亲养育，胎生的兽靠哺乳，卵生的多靠喂食。蜾蠃就把螟蛉贮藏在泥窝里让自己的后代吃，这也是生物的本能。

除了螳螂、蜾蠃，还有很多昆虫也大量捕食害虫。蜻蜓就是捕食苍蝇、蚊子之类害虫的健将。它的胸部下面长着三对短足，足上长着锐利的爪。它有着又大又长的翅膀，每秒钟可飞 18—20 米，能风驰电掣地抓住害虫，几乎百发百中。萤火虫的幼虫专吃传播血吸虫病的钉螺和危害庄稼的蜗牛。它捕食蜗牛的时候，先给蜗牛打一针毒汁，使蜗牛麻醉失去知觉，然后吐出一种消化酶素，把蜗牛的肉分解成液体，再用“吸管”把这液体吸进肚子里。

虫吃虫，本来是很普遍的自然现象。人们研究了这个现象，掌握了它的规律，又找到了征服害虫的新途径——以虫治虫。

金小蜂战胜棉红铃虫

棉花现蕾、开花、结铃、吐絮了。可是，有的花蕾掉了，有的花朵落了，有的花铃烂了，有的棉花成了僵瓣棉花。

凡事总有原因可寻。可不是吗？有的棉铃上有个小圆孔，你用小刀把它剖开，就可以看到这个小圆孔原来是一条“隧道”的口子，“隧道”里正躺着一条胖乎乎的粉红色的虫子，这就是棉红铃虫。

棉红铃虫是棉花的大敌，猖獗的时候，会使一亩棉田减产三四十斤皮棉。“斤花丈布”，这么多棉花，可以织多少棉布！农民们气愤地把棉红铃虫叫作“偷花贼”！

这些偷花贼躲藏在棉絮里。棉花进了仓库，它们悄悄地从棉絮里溜出来，爬到棉仓的墙壁和天花板上，躲进缝隙里，像蚕儿一样吐丝结茧。不过棉红铃虫的茧很小，看上去像一粒粒炒米花似的。据统计，80%的棉红铃虫是躲在棉仓里度过严冬的。到了第二年五六月间，幼虫变成蛹，六月上旬变成蛾。这时候，棉花正好现蕾开花。蛾飞到棉田里产生一大批卵。卵孵化成幼虫，又开始作祟了。

严冬是消灭棉红铃虫最有利的时机。这时候，棉红铃虫都集中在棉仓的墙壁和天花板上，既不动又不跑。可是它们都躲在茧子里，茧子往往又藏在缝隙或墙角里，用农药很难杀死它们。

怎么办呢？你瞧，植保员拿着好多个信封，走进棉仓来，他把信封逐个撕去一角，贴到墙壁上。

很快，从信封里钻出一只只蚂蚁般大小的会飞的虫子，这种小虫子就是金小蜂，也有人称它为“飞蚂蚁”。

金小蜂是棉红铃虫的死对头。乍一看，金小蜂比棉红铃虫小得多，似乎很难制胜。然而在一定的条件下，小的也能战胜大的：棉红铃虫虽大，但是它作茧自缚，无处逃遁；金小蜂虽小，却灵活自如。雌金小蜂在棉红铃虫茧上找到合适的地方，就把腹部那利剑般的产卵管刺进茧去，把卵产在棉红铃虫体内。

金小蜂的幼虫孵化出来，就靠吸食棉红铃虫的汁液长大，并在茧内化蛹。蛹变成金小蜂，就咬破茧钻出来，又去找别的棉红铃虫茧产卵。金小蜂一年之内能繁殖十二三代，而用人工繁殖的话，两三个星期就可以繁殖一代。从秋冬到早春这五六个月之中，用人工培育，200 只金小蜂可以繁殖成一亿只金小蜂！

金小蜂治棉红铃虫的效果好不好呢？好！杀虫率一般达 80%以上，高的可达 90%以上。

现在，我国各地已经能够自己培育金小蜂。金小蜂喜欢温暖，气温最好稳定在 15℃以上。大家就动脑筋，想办法，做成了土温箱——在木橱里装几只电灯，利用电灯发的热，使橱内温度经常保持在 18℃至 20℃。在橱内只需放一些棉红铃虫作为饲料，就可以使金小蜂大量繁殖起来。一只普通书橱大小的木橱，可以饲养 80 万到 100 万只金小蜂。

用金小蜂治棉红铃虫，成本比用化学农药低得多。消灭一个普通的棉仓中的棉红铃虫，只需放金小蜂 2000 只，培育这些金小蜂，比喷射化学农药的成本低 10—20 倍。

金小蜂是 1955 年在一个棉仓中发现的。1958 年开始试验用金小蜂治棉红铃虫，现在已经在各个植棉区普遍推广。金小蜂开了头，以虫治虫就成了消灭害虫的新途径。

赤眼蜂消灭螟虫

如果说棉红铃虫是棉花的大敌，那么，螟虫就是水稻的心腹之患了。

螟虫又叫钻心虫、蛀心虫。它的幼虫常常钻进水稻的茎秆里，咬断输送养料和水分的管子，造成枯心苗和白穗。

螟虫钻在水稻的茎秆里，用化学农药较难消灭。人们又找到了一位杀虫健将来防治螟虫。

它是金小蜂的堂兄弟，名叫赤眼蜂。

赤眼蜂和金小蜂差不多大小，样子像蜜蜂，头上长着一对鲜红的大眼睛。赤眼蜂这个名字就是从这儿来的。

用赤眼蜂治螟虫，也要掌握螟虫的生长规律，抓住薄弱环节和有利时机。螟蛾喜欢在水稻叶子上产卵，一次就产三四百个，紧紧地排成一团，上面覆盖着一层褐色的绒毛，仿佛是稻叶上的一块锈斑。这卵很集中，既不会飞不会跑，赤眼蜂正是抓住这个时机向螟虫发起进攻的！

赤眼蜂在 30—50 米外，就能发现水稻叶上的螟虫卵。

它也有针状的产卵管，能刺破螟虫的卵块，把杆状的卵产在螟虫的卵里。螟虫的卵不大，赤眼蜂的卵更小。如果放大几千倍，把螟虫的卵放大到鸭蛋那么大，赤眼蜂的卵也只有红枣核那么大。赤眼蜂在一个螟虫卵里产三四个卵，接着又刺破另一个螟虫卵，再产三四个卵。一只赤眼蜂，一次可产卵100来个。

被赤眼蜂产了卵的螟虫卵，就不能再孵出幼虫来，反而成了赤眼蜂幼虫的粮食。过了四五天，螟虫的卵被咬破了，从里面钻出三四只长成的赤眼蜂。这些赤眼蜂又飞来飞去，寻找新的螟虫卵产卵。

用赤眼蜂防治水稻螟虫的效果很好，杀虫率可以达到95%以上。

在大自然中，赤眼蜂并不很多。靠人工去捕捉，一天也捉不到几只，然而防治螟虫，一亩水稻田一般需要10万只赤眼蜂。这么多的赤眼蜂从哪儿来呢?

人们仔细研究赤眼蜂的繁殖规律，找到了人工培育赤眼蜂的办法。他们发现赤眼蜂也在别的昆虫卵里产卵，如蓖麻蚕的卵。蓖麻蚕的卵比螟虫的卵大得多，在一个蓖麻蚕的卵中，赤眼蜂可以产二三十个卵。再说，收集蓖麻蚕的卵很方便，许多农村都养蓖麻蚕，蓖麻蚕一天能产四五百个卵。繁殖蓖麻蚕，只要用一部分卵就够了，多余的卵过去都白白扔掉了。这些多余的蓖麻蚕的卵，正好成了繁殖赤眼蜂的好“饲料”。一条蓖麻蚕所产的卵，足以繁殖上万只赤眼蜂。

人们只要在田野中捕捉几只赤眼蜂，装进放了蓖麻蚕卵的玻璃瓶里。赤眼蜂很快就在这“玻璃房子”里一代又一代地繁殖。人们用这个方法，可以培育出成千上万只赤眼蜂。

矛盾还没有全部解决：长成的赤眼蜂寿命很短，一般只能活两三天，温度高时甚至只能活半天；可是只有在螟虫产卵的时候把赤眼蜂放出来，才能达到以虫治虫的效果，赤眼蜂往往等不到这个有利时机。

能不能把赤眼蜂贮存起来，等到螟虫产卵的时候，再把它们放出来呢?人们从这里得到了启发：天气越热，赤眼蜂的寿命越短，那么天气越冷，赤眼蜂的寿命会不会越长呢?

人们做成了土冰箱：把即将孵化的赤眼蜂装进玻璃瓶，放在棉花篰或稻草篰里，上面放上冰块。咦，赤眼蜂在土冰箱里不吃不动，居然可以活半年以上！在北方，人们还因地制宜，发明了土冰窖。在寒冬腊月挖个露天大坑，倒水进去。等水结成了冰，上面盖一层厚厚的麦秸隔热，再用泥土盖严。开春以后，如果要把赤眼蜂冷藏起来，就通过事先挖好的地道，把它们放进冰窖。

创造了土冰箱、土冰窖，这下子可解决问题啦，培养出来的赤眼蜂先放在里面贮存起来，等到螟虫产卵的季节到了，就把赤眼蜂放出来，让它们把螟虫的下一代消灭在卵里。

赤眼蜂的杀虫效果不比农药差，成本却低得多。再说，它对人畜、对庄稼都无害，各地都可以自己动手培育。

赤眼蜂除了能防治稻螟虫，还能防治稻纵卷叶螟、甘蔗螟虫、棉红铃虫、松毛虫、玉米螟虫、豆天蛾、梨小食心虫、苹果蠹蛾等。特别是用赤眼蜂防治稻纵卷叶螟，已经在我国普遍推广。

花大姐斗棉蚜虫

夏天，常可以在棉花的叶子背面看到许多比芝麻还小的虫子，这就是棉蚜虫。棉蚜虫虽小，但是数量极多，危害很大。

蚜虫像臭虫似的，“嘴巴”是根尖尖的管子。臭虫的“嘴巴”刺进人体，吸取血液；蚜虫的“嘴巴”刺进庄稼，吸取营养液。蚜虫伏在那里一动不动，一边吮吸一边排泄。排泄出来的黏液会把叶子上的气孔堵死，使庄稼不能正常呼吸。特别可恶的是，蚜虫像臭虫一样，还会传播病菌，使庄稼得病，庄稼备受其害。

蚜虫有白菜蚜虫、小麦蚜虫、豆蚜虫、甘蔗蚜虫等 2000 多种，其中危害最大的要算是棉蚜虫了。棉蚜虫大量吸取棉花的营养液，常使棉苗枯死、棉株矮小、花蕾脱落，造成严重减产。大自然中，有一种蚜虫的天敌——瓢虫。瓢虫专吃蚜虫，一天能吃一二百只。

瓢虫长得圆鼓鼓的，像半粒豌豆，背上背着一对坚硬的翅膀，在这对坚硬的翅膀下面，藏着一对能飞的薄膜一样的翅膀。瓢虫也有好多种，最常见的瓢虫背上有七个黑点，即两边的翅膀各有三点，中间骑缝还有一点，所以叫七星瓢虫。因为它身上斑斑点点，好像穿了一件花衣裳，人们又叫它花大姐。

不光瓢虫能吃掉大量蚜虫，它的幼虫也能吃掉蚜虫，食量也很大。有人曾统计过，一只七星瓢虫的幼虫，在 17 天的生长期间总共吃了八九百只蚜虫。

瓢虫一次可产两三千粒卵。尽管蚜虫繁殖很快，瓢虫繁殖也不慢，吃起蚜虫来又很猛，真是一物降一物！在探索以虫治虫的时候，人们自然就想到了瓢虫。

不过，利用瓢虫治棉蚜虫也有个矛盾，瓢虫大都躲在小麦地里过冬，来年在麦地里繁殖。大量的棉蚜虫却在棉田里捣乱，必须把瓢虫从麦田搬到棉田里去。

人们想出了许多巧妙的办法。

一种办法是实行棉麦间作，也就是说，让麦子与棉苗做邻居。这样，躲在麦地里过冬的七星瓢虫，一串门就到了棉田，便在那里大显威风。

还有一种办法是人工转移，也就是说，用人工捕捉的办法，把瓢虫从麦田里请出来，然后放到棉田里去。捕捉瓢虫，一般在五月中旬的清早或傍晚。这时候，麦田里的瓢虫大都在麦子的穗上活动，用捕虫网很容易捉住。装运瓢虫的容器最好放一些树叶或杂草，使瓢虫有个歇脚的地方。要不然，瓢虫会互相打架，造成不必要的伤亡。抓到瓢虫之后，要赶紧把它运到棉田里去释放。一般来说，每亩棉田搬进两三千只瓢虫，就能把棉蚜虫的进攻迅速压下去。

人工捕捉瓢虫终究比较麻烦。现在，人们正在研究，在饲养室里大量繁殖瓢虫，然后把瓢虫装进袋里，放到寒冷的仓库中保存起来。那里的温度很低，只有 2℃，瓢虫仿佛死了似的，躺着一动不动。第二年夏天，等到棉蚜虫大肆活动的时候，人们从仓库里把瓢虫取出来，放到棉田里去。

有一种大红瓢虫，能够吃掉一种柑橘上的害虫——吹绵蚧壳虫。有一次，湖北宜昌、宜都一带的柑橘树上发现很多吹绵蚧壳虫，但是当地没有大红瓢虫，于是人们从浙江黄岩调运去 300 只大红瓢虫。这 300 只大红瓢虫在实验室里繁殖了一代，一下子增加到 8 万多只。人们把 8 万多只大红瓢虫放到柑橘树上，它们一边吃掉吹绵蚧壳虫，一边又不断繁殖，很快就把吹绵蚧壳虫一扫而光。

全世界已经发现的瓢虫有 4300 多种，其中五分之四是肉食性的。这些肉食性瓢虫，有的能消灭马铃薯害虫——粉虱，有的能消灭茶树上的害虫——蜡蚧壳虫。

以虫治虫种种

除了瓢虫，草蛉也是蚜虫的天敌。草蛉的幼虫叫作蚜狮，意思是说，它吃起蚜虫来像狮子一样凶猛！

草蛉很喜欢光亮。夜间你在灯下看书，它就从窗口飞进来，围着灯光跳舞。草蛉很好辨认：它浑身黄绿色或鲜绿色，长着两对大翅膀，头上有一对金黄色的大眼睛和一对长丝般的触角。

草蛉的成虫和幼虫都喜欢吃蚜虫和蚜虫卵，一只幼虫从孵化到化蛹，要吃掉 800 多只棉蚜虫。

成虫的胃口更大，能把蚜虫整个儿吞下去。除了吃蚜虫，草蛉还喜欢吃红蜘蛛、蚧壳虫等许多害虫。

草蛉有个缺点：它太凶猛了，在没东西吃的时候就自相残杀。这就给人工饲养带来了困难。

人们曾在一个瓶子里养了 1000 多只草蛉的幼虫，它们大吃小，强吃弱，没几天就只剩下三四只了。这可怎么办呢？人们想出了个巧妙的办法：把麦秆截成寸把长，放在瓶子里，让草蛉的幼虫分别住在这一个个小房间——麦秆里，它们彼此就和平相处了。

草蛉产卵很有趣，每次只产一两粒卵，但是一个月可以产 1500 多粒。每粒卵下面有一根细丝，粘在庄稼的叶子上，看去有点像小小的麦穗。

我国已经开始人工饲养草蛉。草蛉的卵也可以储存在土冰箱里。等到棉蚜虫和棉红蜘蛛多起来的时候，就把温度升高，让草蛉的幼虫孵化出来，把它们放到棉田里去。

黑蚂蚁也能治虫。晋代的《南方草木状》一书中，就详细地记载了广东一带的柑农如何到山里搜集黑蚂蚁，连蚂蚁巢一起搬到柑橘园中；蚂蚁一上树，就把甲虫、椿象、毛虫等害虫吃掉了。所以，我国是世界上最早以虫治虫的国家。这种消灭柑橘害虫的方法，我国南方至今还在应用。

除了金小蜂、赤眼蜂，能够治虫的蜂还有很多种。有一种平腹小蜂，身体很小，能防治荔枝树上的害虫——椿象。有一种小茧蜂，个子也很小，可以用来消灭玉米螟虫。还有小巧的蚜虫寄生蜂，专门消灭蚜虫。姬蜂可以在蝇蛹中产卵，幼虫孵出来就把苍蝇的蛹当作食物。

苍蝇是谁都讨厌的害虫，但苍蝇的近亲之中有一种食蚜蝇，倒是消灭蚜虫的益虫。食蚜蝇的样子有点像苍蝇，个子比苍蝇大得多，身上有蓝色、白色、黄色的斑纹。食蚜蝇的幼虫样子跟蛆差不多，浑身绿色或黄绿色，也很喜欢吃蚜虫。一条食蚜蝇的幼虫从孵化到化蛹，要吃掉上千只蚜虫！

据统计，在大自然中，有近万种的害虫天敌，都可以用来治虫。所以以虫治虫，有着广阔的前景。

5 以菌治虫

害虫也会生病

害虫也会生病，甚至会生传染病。苍蝇身上沾满细菌，其中有不少病菌，如伤寒杆菌、痢疾杆菌等。它成天传播病菌，自己总不会生病吧。其实不然，有一种葡萄球菌，苍蝇沾染上了就会很快得病而死。

蝗虫也会生病。庄稼上要是有一种半球杆菌，蝗虫吃了就会得肠胃病。要是把得病的蝗虫的肠液抽出来，注射到另一只蝗虫体内，这只蝗虫在 3 小时内就会得病而死。人们发现，这种病菌曾消灭了成群的蝗虫。

害虫生病，本是一种很普遍的自然现象。这种自然现象给人们启示：能不能利用形形色色的微生物，使害虫得病而死呢?

微生物的特点是繁殖速度非常惊人。像细菌，就是以分身法进行繁殖：1 个分裂为 2 个，2 个分裂为 4 个……有的细菌在适当的条件下，隔 20 分钟便繁殖一代，在 24 小时内可以繁殖 72 代。所以微生物个子虽小，本领却不小。小小的微生物，是完全可以用来对付害虫的。

细菌农药

任何一种新技术，都是在不断克服困难的过程中诞生的。

起初，人们想利用葡萄球菌治苍蝇，想利用半球杆菌治蝗虫。然而，不是病菌不易培养，就是效果很不理想，都没有得到普遍应用。

后来，人们发现菜青虫常常会又吐又泻，最后像一团泥浆似的死在菜叶上。人们用显微镜观察，发现了使菜青虫得病的是一种杆状的病菌，人们就把这种病菌叫作青虫菌。

青虫菌看上去斯斯文文的，却非常厉害。它能产生一种伴孢晶体，破坏菜青虫的肠道细胞，使菜青虫得败血症而死。

人们想，青虫菌能在菜青虫的肚子里大量繁殖，一定是菜青虫肚子里有许多它喜欢吃的东西。

要培养青虫菌，只要找出它喜欢吃什么东西就行了。

人们试着用各种东西来培养青虫菌，结果发现，青虫菌在牛肉膏、蛋白胨、花生饼粉、豆饼粉、玉米浆之类营养丰富的东西上，都能迅速繁殖。人们还发现，27℃至30℃，是最适合青虫菌繁殖的温度。

人们制得大量青虫菌以后，就像喷农药似的，把青虫菌喷洒到菜叶上。菜青虫吃了沾有青虫菌的菜叶，很快就肠壁穿孔，变成一团团泥浆似的，成批成批死去。

细菌——青虫菌，居然也能像农药似的杀死害虫，人们就把这种新型的杀虫剂叫作细菌农药。

用青虫菌不仅能杀死菜青虫，还能用来防治松毛虫、稻苞虫、玉米螟虫、棉铃虫等几十种害虫。喷洒了青虫菌之后，菜青虫、稻苞虫当天就开始死亡，松毛虫、玉米螟虫在两三天内也大量死亡，杀虫率达80%—90%。

人们又闯出了一条防治害虫的新路——以菌治虫。

厉害的“小油枣”

杀螟杆菌是我国首创的一种细菌农药。

杀螟杆菌的长相跟菜青虫差不多，在显微镜下可以看到，像一个个小油枣。

它除了能消灭三化螟、稻纵卷叶螟之外，还能防治稻苞虫、松毛虫、黏虫、白蚂蚁、苍蝇、蚊子等。

杀螟杆菌是怎样杀死害虫的呢？它像别的细菌一样，也分裂繁殖，可是到一定的阶段，细菌体会形成孢子囊。孢子囊破裂的时候，就释放出孢子和一种菱形的结晶体。这种结晶体有很强的毒性，害虫吃了，肠道就会穿孔，杀螟杆菌的孢子就乘机从肠道侵入血液，大量繁殖起来，使害虫得败血症。害虫先是身体中部表面变黑，然后全身变黑，组织腐烂，直至死亡。在死去的害虫体内，有大量棕色的液体。用显微镜观察这种液体，可以看到成千上万杀螟杆菌在活动、在繁殖。

杀螟杆菌喜欢温暖，需要充足的空气和丰富的营养。人们想出各种办法，来满足杀螟杆菌的需要，使它在人工的条件下大量繁殖。

培养杀螟杆菌的材料有很多种，如麦麸皮、豆饼粉、花生饼粉、牛肉膏、葡萄糖、白糖、淀粉等。也可以利用一些工厂的下脚料作为营养液，如淀粉厂的黄浆水、肉类加工厂的肠衣水、豆制品加工厂的豆腐水、粉丝厂的淘米水等。我国沿海地区，还有用鱼粉或蚬、螺、蛤蜊、蚌的汤作营养液的。

杀螟杆菌喜欢温暖，人们在培养室里生个煤球炉子，使温度保持在20℃至32℃。杀螟杆菌喜欢空气，人们把培养瓶放在电动机带动的摇床上。摇床不停地摇动培养瓶，使杀螟杆菌能够接触到更多的空气。杀螟杆菌就很快大量繁殖起来，只消一两天工夫，培养液表面就长出一层磨砂玻璃般的白色东西——成群聚集的杀螟杆菌。

用谷壳灰拌了这含杀螟杆菌的培养液，晾干以后就可以保存起来。田里发现了害虫，就把这晾干的谷壳灰泡了水，像喷洒农药似的喷洒到田里。

杀螟杆菌的杀虫本领很不错：对菜青虫，效率几乎高达100％，24小时内就见效；对稻苞虫、稻纵卷叶螟，三天以后能杀死85％—90％，四天以后，几乎达100％。在水稻即将抽穗的时候喷洒杀螟杆菌，防治水稻三化螟的效果比喷洒可湿性六六六好；和未喷药的同样田地相比，白穗减少60％以上。

松林里的战斗

松毛虫是松林的大敌。它大口大口地咀嚼松树的叶子——松针。松毛虫猖狂的时候，会使郁郁葱葱的松树在一两天之内变得像火烧了似的，甚至成片成片地死亡。

一定要消灭松毛虫，保护森林!

消灭松毛虫的办法很多，许多化学农药都可以杀死它。不过，松林又高又密，不仅化学农药的用量大，而且把这些药水喷到树梢上去也很费事。

怎么办呢? 人们找到了一种好方法：到松林里抓成百上千条松毛虫，把它们放到一种药粉中滚一滚，使它们的毛上沾满了药粉，然后释放它们。这些松毛虫很快就爬到树梢，与别的松毛虫生活在一起。没多久，沾满药粉的松毛虫不吃也不动了，浑身长出茸茸白毛，变得又僵又硬——死去了。又没多久，别的松毛虫也得了这种病——浑身发白，僵硬而死。这种病在松毛虫中间传染得很快，能使松毛虫全军覆没，拯救成片的松林。

杀死松毛虫的这种传染病叫作白僵病。原来，沾在松毛虫身上的药粉不是化学农药，正是白僵菌的孢子。

白僵菌也是微生物，但是不属于细菌，而属于真菌。它同糨糊上那绿霉——霉菌倒是近亲，都是真菌。它长得像白丝一般，有许多分枝。松毛虫僵硬而死，那浑身长出的白毛就是白僵菌菌丝。白僵菌菌丝的顶上长着孢子囊，孢子囊成熟后就裂开了，成千上万圆形的孢子就漫天飞舞。孢子落到别的松毛虫身上，就像种子落进肥沃的土壤，很快就发芽，长出菌丝。大量的菌丝吸收松毛虫的体液作为营养，生长起来，使松毛虫变僵发硬而死去。这些菌丝又结出孢子，再随风飘扬，使又一批松毛虫传染上白僵病。

人们还利用白僵菌治松毛虫，是受自然现象的启发：松树上的松毛虫常常变僵发硬，成批成批死亡。松毛虫是怎么死去的呢? 经过研究分析，人们从死去的松毛虫身上找到了白僵菌。人们正是从认识自然入手，进而合理利用自然。

培育白僵菌和培育杀螟杆菌差不多。在温暖的培养室里只需三天时间，培养液上就长出了一层茸茸白毛——白僵菌丝。白僵菌丝成熟了，就产生大量孢子。人们收集这些淡黄色的粉末——白僵菌孢子，把它与干细土混合，制成了活的农药。把这种农药存放在塑料袋里，可以贮藏半年到一年。在一克这种农药中，含有至少 50 亿个白僵菌孢子。

施放这种农药的方法也很有趣，前面说的放活虫就是其中的一种。这种方法又简单又方便，一般放出四五百条沾上白僵菌孢子的松毛虫，足以保护 50—100 亩的松林。

也有的人把装着这种农药的布袋挂在长竿上，施放的时候，只需拿着竹竿不断摇晃，又细又轻的白僵菌孢子就从布袋里钻出来，撒到松树上。

群众的智慧是无穷的。农民们还在竹筒或纸筒中装了白僵菌孢子，再装上炸药，点燃后，让竹筒或纸筒在半空爆炸，把白僵菌孢子撒到松树树梢上去。

人民解放军空军和民航局还出动飞机喷洒白僵菌孢子，拯救受到松毛虫严重危害的松林。几天以后，你走进松林，便可看到树枝上、松枝上、地上，到处是白点子——发白变僵了的松毛虫。

白僵菌还能防治白蚂蚁、玉米螟虫和山芋象鼻虫等害虫。不过，它也会使蚕儿得白僵病，像松毛虫那样死去。所以，在养蚕区用白僵菌治虫要特别注意，千万不要在蚕室附近喷洒。

以菌治虫这一治虫新技术，在我国得到迅速推广。很多农村都能自己用土办法生产细菌农药，如杀螟杆菌、白僵菌、苏云金杆菌（又叫 424 农药）、青虫菌等。细菌农药不仅制造容易，成本低，而且对人畜、庄稼、鸟类、蜜蜂、鱼类都无毒，使用安全。

以菌治菌

微生物不但可以治虫，还可以消灭病菌。这叫作以菌治菌。

大家都知道青霉素，这种著名的药物常常用来医治多种炎症。青霉素是一种霉菌——青霉菌并不是什么稀罕的东西，馒头搁久了，会长出青绿色的毛，这就是青霉菌。

青霉菌也是一种真菌，它会分泌出一种杀菌的物质，叫作抗生素。

正如虫吃虫一样，一种微生物分泌出抗生素可以杀死或抑制另一种微生物，也是自然界中的普遍现象。

医生经常用霉菌分泌的抗生素——青霉素，来消灭葡萄球菌、链球菌、脑膜炎双球菌、白喉杆菌等病菌。人们还发现了许许多多新的抗生素，如四环素、土霉素、金霉素、氯霉素……已经有 2000 多种。抗生素被广泛地用来给人治病，给牲畜治病。

那么，能不能用抗生素来给庄稼治病呢？

一试就灵！因为庄稼生病，往往也是由微生物造成的。

我国科技工作者从江西省太和县的土壤中，分离出一种微生物，从它的分泌物中制取了一种抗生素，叫作春雷霉素。春雷霉素是防治水稻稻瘟病的新农药。

春雷霉素的杀菌本领很强，配在十万分之一的溶液中，就能杀死稻瘟病菌。稻瘟病菌也属于真菌，它会使稻叶上长出许多绿色的毛，稻节发黑变细，稻穗发黑，严重影响水稻产量。喷洒了春雷霉素，就可以把稻瘟病很快地压下去。它对人畜无毒，是一种很安全的农药。

我国科技工作者还从海南岛的土壤中，找到一种叫作刺孢吸水链霉菌的微生物，制得了一种新的抗生素，叫作内疗素，可以用来防治甘薯黑斑病等。

我国试制成功的给庄稼治病的抗生素还有许多种。如庆丰霉素，可以用来防治水稻稻瘟病、水稻小球菌核病、梨树黑斑病；井冈霉素，可以用来防治水稻纹枯病、烟草赤星病；灰黄霉素，可以用来防治水稻纹枯病、苹果花腐病、蔬菜白粉病；放线菌酮，可以用来防治茶云纹叶枯病、果树白粉病、松疱锈病……

有趣的是，链霉素既可以给人畜治病，又能给庄稼治病，还加入了农用抗生素的行列，可以用来防治苹果、梨、柑橘、核桃、蔬菜、豆类庄稼的许多细菌性病害。

6 诱而杀之

从“瓜田除蚁”说起

北魏贾思勰著的《齐民要术》，是我国古代一部著名的农业技术书。书上记载了一种“瓜田除蚁”的方法：把带髓的牛羊骨头放在瓜秧旁边诱集蚂蚁，然后聚而杀之。

唐朝姚思廉著的《梁书》中，谈到了“飞蛾扑火”这个典故——飞蛾见到火光，从老远就飞过来了，扑在火上被烧死。这说明在1000多年前我国就已经知道用火诱蛾，以火杀蛾。

你也许有这样的经验：用苍蝇拍打苍蝇，东拍一个，西打一个，效率不高。如果弄点鱼鳞、鱼肠之类的放在地上，一会儿就诱来许多苍蝇，你用苍蝇拍一次就能打死很多苍蝇。

这些事儿都说明：利用害虫的某种特性，把它们诱集在一起，是消灭害虫的一种好方法。利用牛羊骨头、糖蜜、鱼鳞、鱼肠等诱集害虫，叫作以饵诱虫。

21世纪初，人们还利用虫异性相引的特性，创造了一种以性诱虫的新方法。

以饵诱虫

为什么牛羊骨头、糖蜜能够引诱蚂蚁？为什么鱼鳞、鱼肠能够引诱苍蝇？这是因为害虫有灵敏的“鼻子”——触角，能够感觉并辨别多种气味。

就拿地老虎来说吧，这家伙昼伏夜出，专门在夜里活动，而且食性又杂，什么都咬，危害棉苗、玉米、高粱、蔬菜等许多庄稼，真是庄稼地里的老虎！地老虎的蛾喜欢糖蜜、酒醋，人们就投其所好，用这些东西来诱杀它们。

每年春天，地老虎蛾准备产卵繁殖。人们把三份糖、四份醋，再加上百分之一的敌百虫调和在一起，制成诱杀液。把诱杀液盛在盆子里，每亩放三四盆，摆在三尺来高的架子上。到了夜间，地老虎蛾就成群结队飞来，跌落在盆子里被农药杀死。

用糖醋作诱饵未免贵了点，用酒糟、红薯浆、豆腐渣水，或者用玉米秆、高粱秆煮的汁液，也能引诱地老虎蛾。

在春天诱杀一只地老虎蛾，等于在夏天、秋天杀死成千上万只地老虎幼虫。这种诱杀液同时可以诱杀黏虫蛾、甘蓝夜蛾等害虫。

菜青虫是菜地里的一霸，特别是到了秋天，菜粉蝶一次产卵几十粒、几百粒，没几天就孵出几十条、几百条菜青虫，把菜叶咬得千疮百孔。菜青虫只吃十字花科的蔬菜，如卷心菜、白菜、油菜、萝卜等，而菜粉蝶也专门在这类蔬菜的叶子上产卵。

菜粉蝶怎么分辨得出哪些是菜青虫喜欢吃的蔬菜呢？农业科技人员进行了仔细研究：他们拿出两张纸，一张浸在水里，一张浸在卷心菜汁液里，然后放在装有菜粉蝶的玻璃瓶中。结果，菜粉蝶就在那浸了卷心菜汁液的纸上产卵，对那张浸过水的纸，它们连理也不理。

卷心菜汁液中有什么东西能吸引菜粉蝶呢？他们反复分析卷心菜、白菜、油菜、萝卜等蔬菜的汁液，发现它们都含有一种芥子油，正是这芥子油的气味吸引了菜粉蝶。他们进一步追根求源，终于弄明白，芥子油中含的芥子糖分解后，产生一种气体，能吸引菜粉蝶。

人们就把芥子油喷洒在杂草上。菜粉蝶闻到了自己喜欢的气味，便飞到杂草上来产卵了。没几天，菜青虫孵化出来了。菜青虫不吃杂草，犹如蚕儿掉在水稻叶上似的，只好活活饿死。

蝼蛄是著名的地下害虫。它的前足又肥又大，是个挖隧道的能手。它咬食庄稼的根、茎，危害小麦、玉米、大豆、甜菜、瓜类、白菜等许多作物。蝼蛄又十分狡诈，昼伏夜出，不易捕杀。

人们发现哪块地里施了马粪，哪块地里的蝼蛄就特别多。于是，人们就在田边、地角挖几个坑，放上马粪。蝼蛄闻到气味果然成群结队赶来，结果被人们全部消灭。

地老虎蛾和棉红铃虫蛾大量发生的时候，人们还发现这些蛾子成群结队聚集在田边的杨树或柳树上。原来，杨树和柳树有一种特殊的气味，能够引诱地老虎和棉红铃虫的蛾子。人们就用杨枝或柳枝扎成把子诱集蛾子，聚而歼之。

以光诱虫

以光诱虫是很古老的消灭害虫的方法。夜间，人们在田边烧几堆火，许多飞虫就向火堆飞去，投火身亡。

后来有了煤油灯，人们改用煤油灯来诱杀害虫。灯下放个水盆，飞虫撞在灯上，就落在水盆里淹死了。

随着电灯的诞生，人们又用电灯作为诱虫灯。电灯比煤油灯强多了，不会被风吹灭。

诱虫电灯的光，是不是一定要又白又亮呢？我国农业科学工作者做了一个对比实验：在条件相同的田块间，分别点了同是200瓦的各种颜色的电灯，然后统计一夜之间其诱集三化螟蛾的效果。结果发现，灯光的颜色不同，效果也不同。草绿色灯诱集了5083只，玫瑰色灯为4693只，蓝色灯为4658只，淡黄色灯为3427只，金黄色灯为898只。最令人奇怪的是紫外线灯，看上去很暗，却诱集了8679只三化螟蛾，远远超过各种颜色的灯。

人看不见的紫外线，为什么诱虫的效果反而最好呢？原来，昆虫的眼睛跟人的不一样，对紫外线最敏感。这种被称为黑光灯的紫外线灯，诱虫的效果最好。

用12瓦的黑光灯诱虫，50亩田只要一盏就够了。人们在灯旁边装了挡虫板，在灯下放一个盛水的水盆。害虫飞近灯管，就撞在挡虫板上，跌落在水盆里。也有人在灯管周围装了高压电网，害虫一飞过来就触电而死。

据统计，黑光灯能引诱487种昆虫，其中95%以上是害虫，有三化螟、金龟子、蝼蛄、小地老虎蛾、松毛虫蛾、黑尾叶蝉等。一盏黑光灯点一夜，一般可以诱杀四五斤害虫，多的甚至可达96斤！在三化螟蛾大量发生的时候，一盏黑光灯一夜可以诱杀27000只三化螟蛾！

黑光灯诱虫，在我国已普遍推广。农业科技人员还创造了各种各样新式黑光灯。有一种半导体黑光灯，只需用普通干电池就能点亮，使用非常方便，不用竖电线杆、拉电线，到处可点。有的黑光灯还装了电子自动控制装置，天亮或者刮风下雨时，灯就会自动关上。我国还试制成功了新颖的太阳能黑光灯，这种黑光灯上有一块硅太阳能电池。白天，太阳能电池把太阳光转为电能，贮存在蓄电池里；到了夜间，蓄电池就点亮了黑光灯。把它安放在田野上，它就夜夜发出诱虫的“黑光”来。

以性诱虫

科学家曾经做过这样的实验：把一只棉红铃虫雌蛾关在小铁丝笼里，没多久就诱来了一群棉红铃虫雄蛾，在铁丝笼旁飞舞。这种现象给了人们新的启示：能不能利用害虫异性相吸的原理，诱集害虫的蛾子呢？

科学工作者进一步研究了这一现象，发现雄蛾之所以能从老远的地方飞来，是因为雌蛾放出一种有特殊气味的气体——性引诱剂。

根据这一原理，科学工作者试验用新的方法诱杀害虫。他们养殖了许多棉红铃虫，等棉红铃虫变成了蛾，把雌蛾的腹部剪开，浸泡在二氯甲烷或者丙酮中。这两种液体能够溶解雌蛾的性引诱剂。他们把一张张吸水纸浸在这种液体中。当棉田里发生棉红铃虫蛾的时候，傍晚把浸了这种液体的吸水纸放到田间，每张纸片下面放一盆肥皂水。到了夜间，周围几十里棉田内的棉红铃虫雄蛾成群结队飞来，纷纷坠落在肥皂水中死去。

据试验，一张含有十只棉红铃虫雌蛾性引诱剂的吸水纸，一夜间可诱杀几百只棉红铃虫雄蛾，最多的达 815 只。这种吸水纸还可以连续用好多夜。

从棉红铃虫雌蛾腹中直接提取性引诱剂，固然可行，可毕竟是十分麻烦的事儿，能不能加以改进呢?

随着有机合成技术的进步，人们逐步弄清楚了性引诱剂的分子结构，又经过反复试验，找到了化学合成这些性引诱剂的方法，这就可以大量制造了。

目前人们已经弄清楚了200多种害虫的性引诱剂的分子结构，并用人工的方法合成了其中的20多种。原上海昆虫研究所合成的棉红铃虫性引诱剂，已经用于农业生产。这种人工合成的棉红铃虫性引诱剂，一克就相当于从100万只棉红铃虫雌蛾身上提取的天然性引诱剂!

为了便于在农村推广使用，科学家们又想出了一条妙计：用泡沫塑料做成一个个樟脑丸大小的圆球，把它们泡在合成性引诱剂中，只需在每个水盆中扔进一只小圆球就行了。泡沫塑料很轻，能浮在水面上，不断散发出合成性引诱剂的气味，诱来大批棉红铃虫雄蛾。这些雄蛾围着小圆球飞舞，一不小心就掉进水盆里活活淹死了。这种小圆球可以用好几个月，每天夜里可以消灭大量棉红铃虫。

人们还发现有的有机化合物虽然不是性引诱剂，也能引诱害虫的雄虫或雌虫。如一种叫甲基丁香酚的有机化合物，能引诱东方果蝇雌虫。人们就用它作诱杀剂来消灭东方果蝇。

性引诱剂一般对人畜无毒，使用安全，又不会误伤益虫，是一种很有发展前途的新农药。

7 综合防治

防止虫害蔓延

“预防为主，综合防治”，是我国植保工作的方针，也是我们与病虫做斗争的战略原则。

人有时会得传染病。庄稼的虫害，也会像传染病那样到处蔓延。

拿棉花的主要害虫——棉红铃虫来说，我国本来没有棉红铃虫。据考查，最早发现棉红铃虫的年代，是1918年。

我国怎么会开始有棉红铃虫的呢？原来，1918年，我国进口了许多美国棉花，美国棉花带来了许多棉红铃虫。棉红铃虫像传染病菌一样传播开来，几乎传遍全国棉区，成了危害我国棉花的主要害虫。唯一例外的是新疆棉区，当时由于交通不便，所以没有传染上。如今，新疆的交通已经越来越方便，但是由于对调往新疆棉区的种子实行严格检查，所以至今新疆基本上没有发现棉红铃虫。

美国本来也没有棉红铃虫。据考证，棉红铃虫的原产地是印度，于1907年传入埃及，后来，又从埃及传入墨西哥，然后传入美国。

还有危害蚕豆的蚕豆象，我国本来也是没有的。1937年，日本帝国主义侵略中国，从日本运来一些蚕豆和豌豆喂军马。在这些蚕豆和豌豆中，躲藏着蚕豆象和豌豆象的幼虫。不久，这些幼虫变成了蛾，飞出来便在我国繁殖后代，成为危害我国蚕豆和豌豆的主要害虫。

我国的苹果绵蚜、葡萄根瘤蚜、梨园蚧、桃小食心虫等害虫，也是在日本帝国主义侵略我国的时候带来的。其中的葡萄根瘤蚜原产于美国，1800年传入法国，后来又传入日本，然后由日本传入我国。

从上面这几个例子可以清楚地看出：防止虫害蔓延，是多么重要！

正如卫生防疫站一样，在农业上，也有专门防止庄稼病虫蔓延的机构——植物检疫站。植物的检疫站分两种：一种是专门对外的，检查进出口的种子、苗木及各种农产品；一种是专门对内的，检查各省、市、县之间调运的种子、苗木及各种农产品。

植物检疫是一项非常细致的工作。检疫员从成堆的货物中，抽出少数样品，认真加以检查。

他们不但用眼睛仔细察看，还采用了各种新技术，如荧光分析、X光透视、染色检验等，要保证进出口和国内调运的种子、苗木及各种农产品无病无虫。

测虫与报虫

气象台每天几次发布天气预报，预先把台风、暴雨、寒潮等灾害性天气告诉人们，方便人们及早做好预防工作，减少损失。

治虫也一样，我国各地都设立了虫害预测预报站，经常发布虫情预报，在治虫战斗中起着侦察兵的作用。虫情预报有短期的，预报最近几天至一个月内害虫的活动情况；也有长期的，预报一个季度甚至一年内害虫的活动情况。

虫情能够预报，这是由于任何一种害虫，总要经历发生、发展、盛发、衰亡的过程。只要掌握这一过程的规律，就可以准确地预报虫情。

就拿水稻害虫三化螟来说，在长江中下游地区，三化螟每年发生三四代。幼虫躲在稻根里过冬，避过严寒，到第二年四五月成蛹。5月中旬，蛹变成蛾，蛾在秧田里产卵，卵孵化成幼虫。到了7月中旬，第二代三化螟蛾大量发生，在稻田里产卵繁殖。到了8月中旬，第三代三化螟蛾又大量发生。害虫活动的这种规律，正是虫情预报的基础。

害虫的活动受各种因素的影响，其规律不是一成不变的。举例来说，倘若去年第一代三化螟是5月15日大量发生，今年就不一定是在5月15日，可能提早至5月10日，也可能推迟至5月20日。因为三化螟的发育生长，与气候条件很有关系。如果早春天气暖和、雨量稀少，越冬的三化螟幼虫就会提早化蛹，第一代三化螟就提早发生；相反，早春气温低、雨水多，稻根容易烂，越冬的三化螟幼虫容易死亡，第一代三代螟就比较少，发生期也推迟了。夏天和初秋如果闷热多雨、温度高、湿度大，三化螟蛾产卵多、孵化快，于是第二、第三代三化螟蛾就发生早、数量多。相反，如果天气干旱、凉快，第二、第三代三化螟就发生迟、数量少。

害虫的活动规律还因地而异。三化螟本来是热带害虫，所以越往南每年发生的代数越多。据观测，在我国，三化螟最北的分布界限是山东的汶上和河南的辉县。在长江以北，一般一年发生三代；长江以南到南岭山脉以北，一般一年发生三代；南岭山脉以南，一年可发生五六代；在海南岛，甚至一年发生六七代。正如天气预报一样，虫情预报也因地而异。

报虫需先测虫。只有仔细观测虫情，才能掌握虫害趋势，作出准确的预报。

首先要寻找害虫，这就要先摸清害虫的来龙去脉。棉花的害虫棉铃虫，一般都化成蛹在土里过冬，不大容易找到。到了四五月间，蛹变成蛾，在麦田或豌豆田产卵，孵化成幼虫。所以，要观测棉铃虫第一代幼虫，在麦田和豌豆田里可以找到它们。可是，如果冬春偏暖，麦子提早黄熟，豌豆也提早衰败，寄生在麦子和豌豆上的第一代棉铃虫就大量死亡，而在成熟较晚的西红柿田和毛豆田中，却可找到许多棉铃虫。只有充分掌握第一代棉铃虫的数量、产卵日期、孵化日期，才能预报第二代棉铃虫什么时候开始迁入棉田，危害棉花现蕾。如果不充分掌握棉铃虫的活动规律，在提早成熟的麦田和豌豆田中找到的棉铃虫不多，就以为它不致大量发生，预报就不准确了。

除了在田间测虫，还可以把虫子捉来饲养，进行观测。例如采集一些虫卵，看它们什么时候孵化，可以预测下一代什么时候大量发生。这种方法固然简便，不过人工饲养的条件终究和大田不同，因此只能作为参考。要作出准确的预报，必须与田间观测结合起来。

在田间用糖醋钵或黑光灯诱蛾，统计每天夜间捕到害虫的蛾有多少，也可以预报害虫在什么时候大量发生。

虫情预报，是治虫战斗中的军事情报。情报准确，就可以早做准备，掌握战机，最有效地消灭害虫。

农业防治

人们在与害虫的长期斗争中，还创造了许许多多的治虫方法。

害虫总是在一定的环境中繁殖生长。改变环境，也可以起到防治害虫的作用。拿三化螟来说，它的幼虫躲在稻根里过冬，第二年钻出来专门危害水稻。而棉蚜虫呢？它到了冬天就把卵产在棉田和周围的杂草上，第二年孵化后向棉花进攻。人们掌握了这两种害虫的活动规律，针锋相对地想出了一个好办法，让水稻和棉花轮种。这块地里去年种水稻，今年就改种了棉花。螟虫从稻根里钻出来吃不到稻叶，只有活活饿死；而棉田改种水稻，那些棉蚜虫不爱吃稻叶，也只有活活饿死。

这种轮种的方法，不但可以同时减轻三化螟与棉蚜虫的危害，而且对于充分利用土壤肥力、消除杂草，以及防治别的病虫害，也都有好处，所以在我国各地已经普遍推广。

在种过小麦的田里种大麦，容易使小麦吸浆虫大量繁殖起来。因为小麦吸浆虫既能危害小麦，又会危害大麦。如果改种大豆，那就会使小麦吸浆虫失去食物而大大减少，因为小麦吸浆虫吃不惯豆科作物。

人们还发现，在长江中下游地区，三化螟对单季晚稻（又叫中稻）的危害最严重。近年来在这些地区改种早稻和晚稻，不仅可变两熟为三熟，大大提高粮食产量，而且减轻了三化螟对水稻的危害。

人们还发现这样的现象：同样是水稻，有的品种对病虫害的抵抗力强，有的抵抗力差。这种抵抗病虫能力较强的品种，叫作抗病虫品种。培育抗病虫品种，是培育良种的一个重要方面。已经培育成功的，如南大 2419 小麦，能抗吸浆虫；二九青水稻，能抗纹枯病。又如，有的梨又甜又嫩，果子大，但抗虫力差；有的野生梨又酸又小，但抗虫力好。把这两种梨进行杂交，就能培育出抗虫性好、果质又优良的新品种。

除草也是防治病虫的一个重要措施。杂草本是庄稼的大敌，它们与庄稼争阳光、抢养料、夺水分，又是害虫的滋生地。拿棉蚜虫来说，秋天棉花收获以后，它就躲到附近的杂草里越冬，到第二年再飞回棉田继续捣乱。有的人调查过棉田附近的杂草，平均每 100 株中，有棉蚜虫的 27 株，有棉红蜘蛛的 15 株，有棉红蜘蛛卵的 11 株。经过除草，第二年受棉蚜虫危害的棉苗只有 10%—16%；而未除草的地方，受棉蚜虫危害的棉苗达 67%。所以除草是一举两得的好方法。

以鸟治虫

啄木鸟是森林中著名的医生。它用那又长又尖的嘴敲打着树木，一发现虫洞，就把害虫叼出来吃掉。科学工作者曾在河北昌黎解剖过 14 只啄木鸟的胃，发现其食物中 99％是昆虫，大部分是天牛幼虫、金龟子、椿象等害虫。所以啄木鸟是我们人类的朋友。

天牛是森林的大患。天牛幼虫的嘴巴像锯子似的，在树干中钻出弯弯曲曲的隧道，许许多多的隧道便能把整个树干蛀空，风一吹，树就被吹倒了。所以人们把天牛叫作“倒树虫”“锯木虫”。

天牛幼虫之类的害虫是钻进树干里捣乱的，很难用农药来消灭它。而啄木鸟，是天牛幼虫之类害虫的天敌。啄木鸟的脚上长着勾曲的长爪，能紧紧地抓住树皮，贴着树干站立，还能向上爬、朝后退。有趣的是，它尾巴上的羽毛又长又硬，犹如一把锋利的凿子。它先是用嘴巴在树干上敲，听见了空洞的声音，就凿开树皮，把嘴巴伸进去，然后，从嘴巴里伸出又细又长的舌头，把树洞里的蛀虫一卷，就卷进了嘴巴。啄木鸟的舌头上生着许多倒刺，表面又有胶水般的黏液。害虫被卷住了就无法挣脱，成了啄木鸟的美餐。

啄木鸟每天能消灭几十上百只蛀虫。生了小鸟之后，它更忙了，据观察，啄木鸟每天起码要给小鸟喂食 25 次以上。它每次喂小鸟一只蛀虫，加上它自己吃的，数目就更可观了。一对啄木鸟，可以消灭周围几十亩森林中的蛀虫。

山东、河北及东北一带，现在就利用啄木鸟保护森林。这种方法，就叫作“以鸟治虫”。

人们为了招引啄木鸟，在森林里挂起了一段段朽木，大约 60 厘米长、

20 厘米粗，每隔一两百米挂一段，啄木鸟看见了朽木就落下来在附近搜索，或者干脆在朽木上安家。据山东省平邑县浚河林场试验，本来那里平均每 100 棵树有 80 只天牛幼虫。自从两对啄木鸟在那近千亩的林场中安了家，经过三年，每 100 棵树上平均就找不到一条天牛幼虫了！这种引鸟治虫的方法，简便经济，效果显著。

有一种叫燕鸻的小鸟，样子很像燕子，大家叫它土燕子，它很喜欢吃蝗虫。据统计，一窝燕鸻——4 只小燕鸻，每天能吃掉 540 只蝗虫。

喜鹊也是益鸟。据统计，在喜鹊的食谱中，80％以上是害虫，如蝗虫、蝼蛄、松毛虫、夜蛾幼虫等。

乌鸦也是益鸟哩！据观测，乌鸦的主要食物是蝼蛄、蝗虫、金龟子等害虫。

至于燕子，那是大名鼎鼎的益鸟。它每天在田野上飞翔，捕食庄稼里的害虫。黄鹂、杜鹃、画眉、大山雀等，也是捕虫能手。杜鹃很喜欢吃松毛虫、松尺蠖等害虫，是保护森林的卫士。

我们要保护益鸟，让益鸟来消灭害虫。

鸭和鸡等家禽也能帮助人们治虫，我国南方常常在稻田里放鸭。鸭啄食稻田里的椿象、蝗虫、黏虫等害虫，既除了虫，又养肥了鸭。鸭在稻田里排泄，又给水稻施了肥。

每年晒棉花的时候，棉花晒热了，棉红铃虫受不了，就在晒棉花的帘架附近的地上乱爬。农民就把鸡放出来，让它们把地上的棉红铃虫吃个干净。

青蛙捕虫

还有许多动物，也是捕虫能手。

就拿青蛙来说，它是家喻户晓的益虫。据统计，一只青蛙一天平均大约要吃掉 70 只害虫，一年下来，便可吃掉 25000 多只害虫。所以，农民亲切地称赞青蛙是“护谷虫”。

青蛙有一套十分完善的捕虫“设备”。其中最奇特的，要算是青蛙的舌头了。人的舌头是舌根在里，舌尖在外，而青蛙的舌头却是舌根长在嘴边，舌尖也朝着嘴边。它的舌头很长，平时折叠在嘴里，一旦发现虫子，就闪电般地伸出来，把虫子卷进嘴巴。青蛙的舌头上也有胶水般的黏液，能把虫子牢牢黏住。青蛙的后腿粗壮有力，能蹦起来捕食害虫。

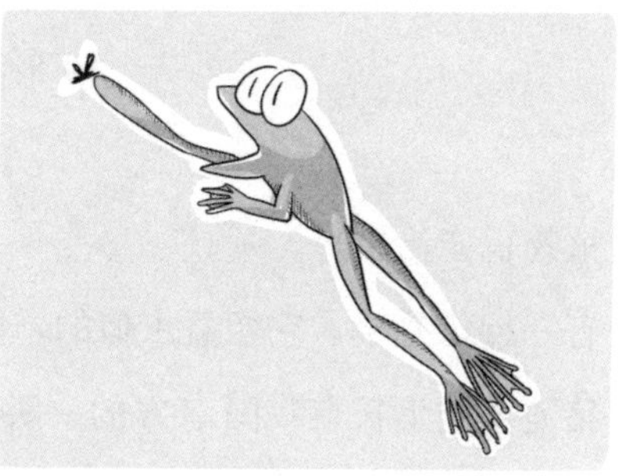

蟾蜍是青蛙的“堂兄弟”，俗称癞蛤蟆，也是一种很重要的益虫。癞蛤蟆的胃口很大，它的胃每天要吃饱 4 次，出空 4 次，一天要吃掉将近百只害虫。癞蛤蟆喜欢在夜间活动，捕食那些夜游的害虫。

蜘蛛结网捕捉的那些“飞来将”，大部分是害虫，如蚊子、苍蝇等。在麦田里，蜘蛛捕食小麦蚜虫、小麦吸浆虫等害虫。所以蜘蛛是益虫，是人类的朋友。

蜥蜴又叫四脚蛇。它的样子挺凶，脑袋尖尖的很像蛇。但是，人不可貌相，它也是有益的动物，喜欢捕食蚊虫、蝗虫、尺蠖、夜蛾、蝼蛄、浮尘子等害虫。它有条长长的舌头，会以迅雷不及掩耳之势把害虫卷进嘴巴。

壁虎是蜥蜴的“堂兄弟”。它昼伏夜出，也是捕虫的大将。壁虎的脚趾有吸盘，能在墙上、天花板上爬行，吞食在那里歇脚的蚊子、苍蝇等害虫。

人们还利用鱼类去跟害虫做斗争。夏天，你蹲到池塘边仔细瞧瞧，就可以看到鱼儿不时张开嘴巴，吞下那左右摇摆的孑孓——蚊子的幼虫。1958年，我国有些地方曾普遍推广用斗鱼、黄颡鱼、麦穗鱼、鲤鱼等5种鱼来消灭孑孓，这叫作以鱼治虫。据统计，斗鱼每天能吃孑孓160只，黄颡鱼每天能吃200只以上孑孓。上海郊区还曾普遍推广在池塘中养柳条鱼。柳条鱼也是一个消灭孑孓的能手。

顺便提一下，蝌蚪也是吃孑孓的猛将。一只蝌蚪，一天内要吃几十只甚至上百只孑孓。所以青蛙确实不愧为益虫，它从小就开始与害虫做斗争了。

植物治虫

植物也能治虫！

有一种猪笼草，它像益虫似的，能把害虫捕住吃掉。

猪笼草是生长在我国南方的一种植物，它的每片叶子的尖上，都长着一个小瓶子，这小瓶子的形状很像南方运猪用的笼子，所以人们把这种植物叫作猪笼草。

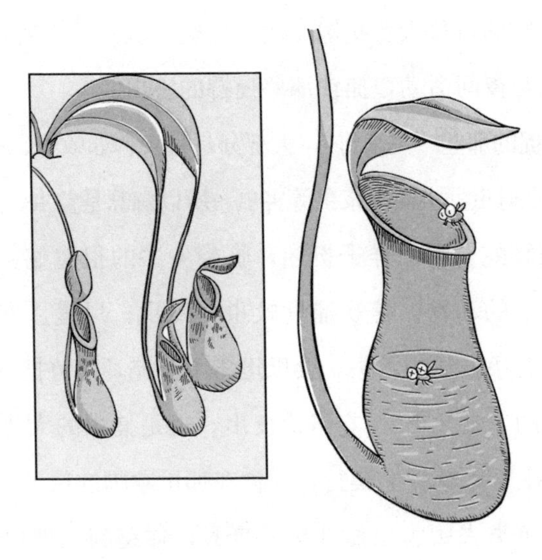

猪笼草那奇妙的小瓶子，口上还长着一个盖子，瓶子内壁经常分泌出一种又香又甜的蜜汁。虫子闻到香味钻进瓶子里，就被黏稠的蜜汁黏住。这时候，瓶口的盖子马上盖紧，虫子再也跑不掉了。没多久，虫子就被消化掉了，小瓶子的盖子又重新打开，继续诱捕虫子。

有的植物的花和叶子也能捕虫。据统计，世界上能吃虫的植物有600多种，能捕虫的植物就更多了。

植物捕虫用的是姜太公钓鱼——愿者上钩的办法，不可能大量捕捉害虫。人们利用植物治虫，主要是另一个途径。

在1400多年前的北魏，有人用藜芦的根煮水，洗治羊的疥疮。藜芦的俗名叫山葱，是一种百合科的植物。它的根部含有一种毒性很强的黎芦碱，能够杀虫。

在300多年的明朝，有人用百部消灭虱子。百部是一种多年生的野草，它的块根中，也含有毒性很强的杀虫剂——百部碱。

后来我国先后发现烟草、雷公藤、除虫菊等许多植物，也可以用来治虫。

这些能够治虫的植物，就叫作植物杀虫剂。

这种古老的治虫法如今又东山再起，很受人们的重视。因为植物治虫比较安全，材料容易得到，成本低廉。毛泽东主席到四川农村视察时，曾很有兴趣地观看了当地人是如何用野棉花（打破碗花花）来治虫的。

我国目前常用的植物杀虫剂有3种——除虫菊、烟草和鱼藤。

除虫菊的样子跟菊花差不多，有的开红花，有的开白花。这鲜艳漂亮的花中，含有一种很厉害的杀虫剂——除虫菊素。人们种植除虫菊，采集它开的花，晒干了磨成粉，再跟滑石粉、碎木屑、绿颜料等混合在一起，制成了蚊香。

蚊香点燃后，除虫菊素就扩散到空气中。蚊子一接触它，在几秒钟之内就会麻痹中毒，从空中摔下来。除虫菊对人畜都很安全，没有毒性。

在农业上，人们把除虫菊素兑水装在喷雾器中喷洒，可用来消灭棉蚜虫、菜蚜虫、菜青虫、蓟马等害虫。

烟草能够杀虫，是因为它含有一种剧毒的物质烟碱，又叫尼古丁。烟叶泡成的烟草水，是很有效的杀虫剂，各地农村普遍用来防治蚜虫、金花虫、椿象等害虫。泡烟草水可以用香烟头和烟厂的下脚料——碎烟末、烟灰、黄花烟草，加点稀硫酸可以提高杀虫效力。

鱼藤是一种生长在南方的野生豆科植物，样子很像藤本植物。古代，人们把鱼藤的根捣烂，撒进池塘，毒死池里的鱼，人吃了用鱼藤毒死的鱼，平安无事。正因为它可以毒鱼，样子很像藤，所以叫鱼藤。

鱼藤能够毒死鱼，原因在于它的根部含有一种鱼藤酮。纯净的鱼藤酮是白色的结晶体。从鱼藤根部提取出鱼藤酮，便可以作为杀虫的农药。鱼藤酮杀虫的效力很强，用十万分之一的溶液就可以杀死蚜虫。据试验，鱼藤能防治 800 多种害虫，目前在果园、菜园、茶园里用得较多。

飞机灭虫

在跟庄稼的害虫做斗争的时候，人民解放军和民用航空部门还经常出动飞机。那是一种飞得很低、很慢的双翼农用飞机。它的武装设备不是机枪火炮，而是喷粉器或喷雾器。

农业上经常发生这样的情况：害虫和病菌潜伏在田野里，人们发觉的时候，已经大量繁殖起来，如果不在几天之内甚至几小时之内马上喷洒农药，就会使大片大片的庄稼遭受重大损失！在这样的节骨眼上，使用飞机喷洒农药的效果最好。有一次，湖南省桃源县近 4 万亩棉田受到叶跳蝉危害，情况严重，由于用飞机及时喷洒农药，在 24 小时内，叶跳蝉便死去 90％以上。

飞机飞得快，喷洒面积大，因此效率大大提高，节省了人力。拿消灭蝗虫来说，最初用人工去捕捉，每亩田每天要 5 个劳动力；后来用人工喷撒六六六药粉，每天每人防治 10 亩，效率提高了 50 倍左右；改用飞机喷洒农药，每架飞机一天能喷洒 2 万亩左右，又比人工喷洒的效率提高了 2000 倍。2000 多年来，我国有记载的大蝗灾就有 800 多次，自 1953 年使用了飞机喷洒农药，蝗虫就再也没有酿成大灾了。

飞机喷药全面均匀，效果好，也比较省药。特别是玉米、甘蔗这些高个儿庄稼，以及森林，人工很难把农药喷上它们的顶部，而飞机从头顶往下喷，可以将它们全身都喷到。在沼泽地区和水田里，用人工喷药很不方便，格外适合飞机喷洒。

我国正在成批生产各种农用飞机。随着农业现代化的逐步实现，采用飞机治虫将越来越普遍。

使害虫不育

人们在研究放射性元素的实验中，发现很多动物受了放射性射线照射，就失去了繁殖后代的能力。这又给了人们一种启示：能不能用放射性射线照射害虫，使它们失去繁殖能力而达到治虫目的呢？

但如果把害虫一个个从田野上抓回来，再用放射性射线照射，这样太麻烦，不如逮住了就踩死它们来得干脆。

人们终于想出了一个巧妙的办法：有一种样子很像苍蝇的专门危害羊群的寄生蝇，叫羊皮螺旋蝇，雌的羊皮螺旋蝇在羊的伤口和肿疮上产卵，卵孵化成蛆，这些蛆就把羊的肉当作食物，造成严重危害，甚至使羊死亡。而用放射性射线照射雄的羊皮螺旋蝇，可以使它失去生殖能力。于是，人们就用马肉或羊肉作饲料，让羊皮螺旋蝇在上面产卵，卵变成蛆，蛆化成蛹。再用放射性射线照这些蛹，把这些蛹撒到野外去。雄蝇从蛹中钻出来，就和野生的雌蝇交配；雌蝇交配后虽然也产卵，但是卵再也不能孵出幼虫。在一个地区连续释放出几批不育的雄蝇之后，羊皮螺旋蝇就大为减少，甚至几乎绝迹了。

我国科技工作者用同样方法对苍蝇、黏虫、松毛虫等害虫进行试验，也获得了很好的效果。不过，这种方法也有缺点，要人工培育大量害虫，如果释放的不育的害虫数量太少，就收效甚微。

还有什么更巧妙的办法呢？

人们在养蜂时发现了一个奇怪的现象：一群蜜蜂中，只有一只蜂王——母蜂，还有几百万只雄蜂与几万只工蜂。工蜂不会生育。可是，当唯一的那只母蜂死去了，就会有一只工蜂发育成母蜂，继续产卵，保持家族的兴旺。为什么母蜂没有死去之前，工蜂不会生育呢？人们经过仔细研究，发现母蜂的头部能分泌出一种特殊的物质，工蜂在它身上舐食，吃进了这种物质，就抑制了体内卵巢的发育，失去了生育能力。一群蜜蜂中有几万只工蜂，而母蜂就分泌出那么一丁点儿不育的化合物，便能使这几万只工蜂都失去生育能力。

工蜂不生育的现象给了人们很大的启示：如果制造出某种不育性药剂，让害虫吃了以后失去生育能力，岂不就达到目的了吗？

到哪儿去找这种不育性药剂呢？不久，人们又发现了一条很重要的线索：滴滴涕是很著名的杀虫剂，能杀死许多害虫。然而有时候喷洒了滴滴涕，个别害虫中毒不严重，没有死去，但是产卵的能力大大减弱了，甚至不再产卵。这就是说，滴滴涕除了有杀虫作用外，还有使害虫不育的作用。

人们沿着这线索探求下去，终于制成了一种分子结构类似滴滴涕、使害虫不育、比滴滴涕效果好得多的药剂。近年来，人们又合成了许多使害虫不育的药剂，如不育特、绝育磷、不育胺等。

人们还从昆虫激素的研究中，找到了一种使害虫不育的新方法。

激素又叫荷尔蒙，它的希腊文原意就是“刺激”的意思。人和动物体经常分泌许多激素，如甲状腺素、胰岛素、雄性激素、雌性激素等。激素的分泌量虽然极少，但是各种激素的协调作用，是人和动物生长发育和维持健康所必需的，是不可少的“少”！

昆虫也分泌许多激素，像性引诱剂，实际上就是棉红铃虫雌蛾分泌出来的一种激素。这种激素排到体外，用来引诱雄蛾，所以叫作昆虫外激素。人们发现昆虫还有许多内激素，在体内控制昆虫的生长、发育和变态。

在形形色色的昆虫内激素中，有两种相对立的激素。一种叫保幼激素，能使昆虫保持幼虫状态，阻止昆虫变为成虫；另一种叫蜕皮激素，它的作用正好与保幼激素相反，能使昆虫从幼虫向成虫转化。这两种激素是按一定的比例分泌的，因而能使昆虫按照正常的速度逐步蜕皮，从幼虫变为成虫。

人们想，如果增大保幼激素的比例，使害虫一直处于幼虫状态，不变为成虫，岂不就达到了使害虫不能生育的目的了吗？

科学工作者非常细心地研究昆虫保幼激素的化学成分，攻克了重重难关，终于用人工的方法制成了保幼激素。

人们试着把保幼激素喷在虫卵上，结果使害虫的卵不能孵化；把保幼激素喷在害虫的幼虫身上，结果幼虫一直是幼虫，无法变成成虫，在蜕皮后不久就死去了；把保幼激素喷在害虫的成虫身上，结果使成虫失去了生育能力。这么一来，果然达到了预想的目的。保幼激素成了最新农药之一，它对人畜无毒，不会产生农药公害，也不会使害虫产生抗药性。它的效果非常显著，用极微量的保幼激素，便足以使害虫失去生儿育女的能力。

如今，不育性药剂和保幼激素已经成了化学农药发展的新目标。有人把无机农药称为第一代农药，把普通有机农药称为第二代农药，而把不育性药剂和保幼激素等新型农药称为第三代农药。目前，第三代农药还处于试验阶段，看来有可能得到迅速发展和广泛使用，成为人类消灭害虫的重要武器。

在与病虫害的斗争中，人们正在不断创造新的方法，发明新的药剂，闯出新的途径，为更好地保护庄稼健壮生长，为更快地实现农业现代化，作出自己的贡献！